Probability and its Applications

確率とその応用

栗山 憲 著

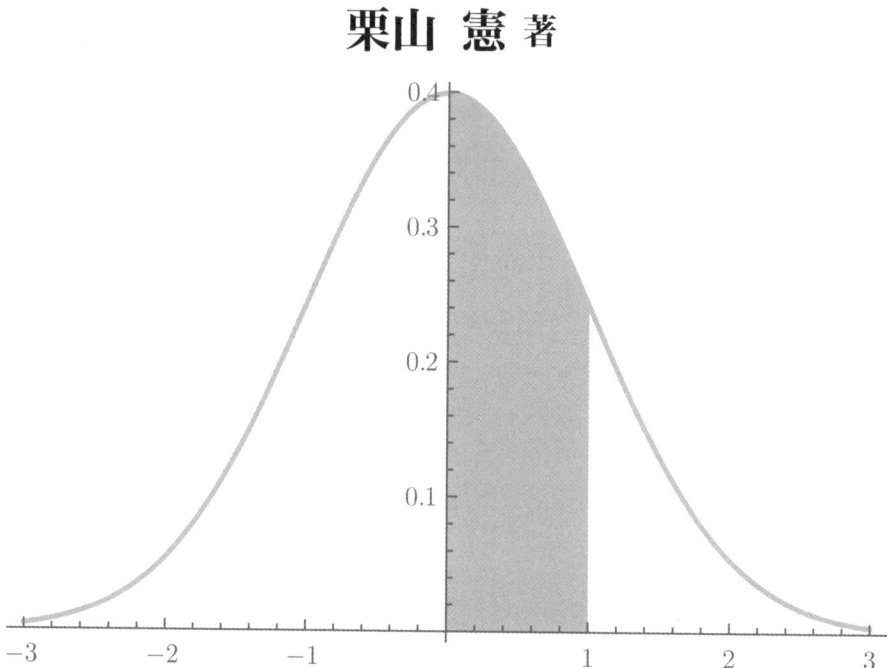

共立出版

まえがき

　本書は教育学部や理工系学部で確率について学ぶ学生を対象にしています．高校でも確率の計算などを学習していますが，その場合は確率とはいっても場合の数など順列・組み合わせの話が主であり，微積分を基礎にした確率の話は必ずしも高校生のすべてが学んでいる状況にはありません．また確率の公理論的な取り扱いにも習熟していません．そのようなことをふまえてわかりやすくなるように努めました．

　確率の議論は離散的な場合と連続的な場合とに大別できます．本書では微積分を十分には習得していない学生さんを念頭に，まず離散的な議論をしつこいほど丁寧に記述しました．たとえば，試行の結果起こりうるもの全体からなる全事象については，サイコロやコインを例にして繰り返し説明しました．このような例では，通常は事象の独立性を暗黙に仮定していることが多いようですが，全事象をもとにして事象の独立性をきちんと説明するようにしました．

　離散的な議論では，ほぼすべての定理・命題に完全な証明をつけるように心掛けました．その際，予備知識が少なくても理解できるように努力しましたが，2重級数の知識は必要とするため第1章で2重級数について説明しました．離散型の確率変数についての最初の重要な性質である線形性，すなわち，確率変数 X と Y の和 $X+Y$ の期待値が X の期待値と Y の期待値との和に等しいこと $E(X+Y)=E(X)+E(Y)$ については（測度論・ルベーグ積分論を前提としない）初等的な確率の本ではきちんとした証明をつけているものは少ないようです．本書では結合分布をもとにした証明をつけました．その他にも，離散型確率変数の分布と積率母関数との間に一対一の対応がつ

くことの初等的な証明も与えました．結合分布について丁寧な議論をしていることも本書の特徴の一つではないかと著者は考えています．

離散型の確率変数については，分布の例をいろいろと紹介していますが最も重要なものとして，一様分布と2項分布をくりかえし説明しました．

情報理論への応用についても述べています．現代の科学・技術にとって情報科学・情報工学の重要性はいうまでもありません．シャノン流の情報理論ではエントロピーの概念が重要であり，情報量を表現する量としてのエントロピーについて理解することは理系・文系を問わず基礎的な素養の一つではないかと考えられます．多くの人がエネルギーを直観的に理解されているように，エントロピーを理解することが大事である時代になるのではないでしょうか．本書では述べていませんが，物理学の統計力学や熱力学におけるエントロピーとの関連も興味深い話題だと思います．

このように離散型の場合については，**概念を正確に理解すること・そのために多くの例をだすこと・証明をきちんと与えること・情報理論の基礎を理解すること**を目標としました．

連続型の場合については，重要な分布として正規分布をくりかえし説明しました．中心極限定理によりある種のものが正規分布で近似できることを説明し，そのことを利用した問題を紹介しました．現実的に興味のある例に触れるとともに正規分布の重要性を理解できるようにし，結合分布についても初等的に理解できるよう努めました．

統計学との関連では，典型的な例として正規分布を利用する問題に限りました．その議論のなかで検定・推定の基本的な考え方を理解できるようにしました．統計学の書物のなかで述べられているさまざまな方法については一切触れていません．理由はそれらの方法を数学的に厳密に議論するには解析学や線形代数など多くの知識を必要とするためです．データの処理として扱っている最後の節の回帰直線については，結合分布の考え方を用いて一般の確率変数の共分散・相関係数との関連について述べています．

本書では測度論・ルベーグ積分を前提にした確率論は議論していません．そのため初等的な証明を心がけましたが，ルベーグ積分を前提にしない議論はやはりまどろっこしいことを痛感しました．本書の読了後，ルベーグ積分

論に挑戦される方は参考図書に紹介している本を読まれることをおすすめします．

　最後に本書の執筆にあたっては，関係資料の入手・数式処理ソフトの購入をはじめ，佛教大学の 2012 年度特別研究による支援をいただいております．深く感謝申し上げます．

目　次

1　はじめに　　*1*
　1.1　確率論の歴史 *1*
　1.2　級数の復習と2重級数 *4*
　練習問題 *8*

2　確率空間　　*11*
　2.1　事象：和事象，積事象，余事象 *11*
　2.2　集合論の補足 *13*
　2.3　確率空間の定義 *16*
　2.4　独立性，条件付き確率 *22*
　2.5　ベイズの定理 *30*
　練習問題 *33*

3　離散型の確率変数　　*37*
　3.1　分布 *37*
　3.2　期待値（平均），分散，標準偏差 *41*
　3.3　いろいろな分布 *61*
　3.4　積率母関数 *76*
　練習問題 *82*

4 情報理論などへの応用　　　　　　　　　　　　　　　*87*

4.1 エントロピー *87*

4.2 １次元のランダムウォーク *95*

練習問題 *98*

5 連続型の確率変数　　　　　　　　　　　　　　　*101*

5.1 密度関数，平均，分散 *101*

5.2 正規分布 *114*

5.3 いろいろな分布 *121*

5.4 積率母関数 *124*

5.5 エントロピー *130*

練習問題 *132*

6 極限定理　　　　　　　　　　　　　　　　　　　　*135*

6.1 大数の法則，中心極限定理 *135*

6.2 正規分布の応用 *140*

練習問題 *142*

7 統計とデータ　　　　　　　　　　　　　　　　　　*143*

7.1 母集団と統計量 *143*

  7.1.1 母集団 *143*

  7.1.2 不偏推定量 *145*

7.2 推定 *148*

7.3 検定 *149*

7.4 回帰直線 *155*

練習問題 *160*

付録　　　　　　　　　　　　　　　　　　　　　　　　*161*

ガンマ関数 *161*
　　　ベータ関数 *164*

参考書　　　　　　　　　　　　　　　　　　　　*167*

練習問題のヒントと解答　　　　　　　　　　　　*169*

付　　表　　　　　　　　　　　　　　　　　　　*193*

索　　引　　　　　　　　　　　　　　　　　　　*196*

第1章

はじめに

1.1 確率論の歴史

　はじめに，確率論の歴史（起源）について説明する．パスカル（1623–1662）とフェルマー（1601–1665）との間につぎのような問題をめぐって手紙のやり取りが行われた（以下の説明では少し修正している）．

　AとBの2人が賭け金を賭けてゲームを行う．コインを投げて表がでればAの勝ち，裏がでればBの勝ちとして，勝った方が1点をもらう．この勝負を繰り返して最初に6点得た方が勝者となって賭け金をもらうこととする．Aが5点，Bが3点得ている状況でやむを得ない事情でゲームを中止したとする．さて，賭け金をAとBにどのように分配したら最も合理的であるか．

（**1案**）この時点ではAが勝っているのでAが賭け金をすべてもらう．しかし，Bが逆転する可能性があるので不合理である．

（**2案**）得点の割合に応じて分配する．すなわち，5対3で分配する．しかしこの案にしたがうと，Aが1点でBが0点の場合には，Aが1対0となりAがすべてもらうことになり不合理である．

（**3案**）この後も仮にゲームを続けたと仮定する．すると以下の図（木またはツリーという）を得る．したがって，Aの勝つ確率は $1/2 + 1/4 + 1/8 = 7/8$ で，Bの勝つ確率は $1/8$ だから $7/8 : 1/8 = 7 : 1$ で分配する．

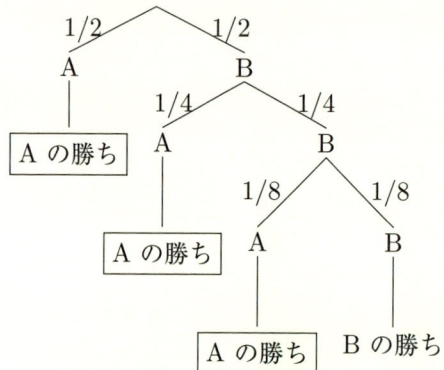

(**4案**) A はあと 1 回で勝ち B はあと 3 回で勝つことに注意して, 3 回勝負をしたことにする. すると可能性は
{(A, A, A), (A, A, B), (A, B, A), (A, B, B), (B, A, A),
(B, A, B), (B, B, A), (B, B, B)}
であるから, A の勝つ場合は
{(A, A, A), (A, A, B), (A, B, A), (A, B, B), (B, A, A), (B, A, B), (B, B, A)}
となり A の勝つ確率は 7/8 である. 同様にして B の勝つ確率は 1/8 である. したがって $7/8 : 1/8 = 7 : 1$ で分配する.

(**5案**) 3 案と本質的には同じである帰納法による解法. A があと a 回, B があと b 回でゲームの勝敗が決まるときに, A がゲームに勝利する確率を $e(a,b)$ とおくことにする. $e(0,b) = 1$, $e(a,0) = 0$, $e(a,a) = \frac{1}{2}$, $e(a,b) = \frac{1}{2}e(a-1,b) + \frac{1}{2}e(a,b-1)$ であることに注意する. $e(1,3)$ を帰納法により求めることにする.

$$e(1,3) = \frac{1}{2}e(0,3) + \frac{1}{2}e(1,2) = \frac{1}{2} + \frac{1}{2}\left(\frac{1}{2}e(0,2) + \frac{1}{2}e(1,1)\right)$$
$$= \frac{1}{2} + \frac{1}{2}(\frac{1}{2} + \frac{1}{2} \times \frac{1}{2}) = \frac{7}{8}$$

を得る. したがって, A が勝つ確率は $\frac{7}{8}$ であるから, $7/8 : 1/8 = 7 : 1$ で分

配する.

第3案,第4案,第5案が合理的であると考えられ,結果も一致する.

問 1.1.1. AとBの2人が賭け金をかけてゲームを行う.コインを投げて表がでればAの勝ち,裏がでればBの勝ちとして,勝った方が1点をもらう.この勝負を繰り返して最初に6点得た方が勝者となって賭け金をもらうこととする.Aが4点,Bが3点得ている状況で,やむをえない事情でゲームを中止した.どのように分配したら合理的か.

例 1.1.1. AとBの2人がお金を賭けてゲームをしている.1回ごとの勝負はコインの表がでればAの勝ち,裏がでればBの勝ちである.Aはあと4回,Bはあと5回勝てば勝者となる.ゲームを中断したとき,賭け金をどのように分配したらよいか.

(解) 木(ツリー)を書いて調べるのは大変なので,以下のようにして解くことにする.あと $8 (= 4 + 5 - 1)$ 回勝負すると決着がつくことに注意する.
(第1の解法) Aはあと4回勝てばゲームの勝利者になる.

4勝0敗で勝つ場合: $\left(\dfrac{1}{2}\right)^4 = \dfrac{1}{16}$

4勝1敗で勝つ場合(最後の勝負はAの勝ち): ${}_4C_3 \left(\dfrac{1}{2}\right)^4 \dfrac{1}{2} = \dfrac{4}{32}$

4勝2敗で勝つ場合(最後の勝負はAの勝ち): ${}_5C_3 \left(\dfrac{1}{2}\right)^5 \dfrac{1}{2} = \dfrac{10}{64}$

4勝3敗で勝つ場合(最後の勝負はAの勝ち): ${}_6C_3 \left(\dfrac{1}{2}\right)^6 \dfrac{1}{2} = \dfrac{20}{128}$

4勝4敗で勝つ場合(最後の勝負はAの勝ち): ${}_7C_3 \left(\dfrac{1}{2}\right)^7 \dfrac{1}{2} = \dfrac{35}{256}$

したがって,Aの勝つ確率は $\dfrac{1}{16} + \dfrac{4}{32} + \dfrac{10}{64} + \dfrac{20}{128} + \dfrac{35}{256} = \dfrac{163}{256}$ である.163対93の割合で分配すればよい.

(第2の解法) 8回のうちAは4回勝てばゲームの勝利者になるので,8回

のうち A が 4 回以上である場合の数は

$$_8C_4 + {}_8C_5 + {}_8C_6 + {}_8C_7 + {}_8C_8 = 70 + 56 + 28 + 8 + 1 = 163$$

である．したがって，A の勝つ確率は $\dfrac{163}{256}$ を得る．

例 1.1.2. A，B，C の 3 人でゲームをしている．ゲームの勝者が賭け金を得ることにしている．1 回ごとの勝負ではサイコロを投げてつぎのようにして勝敗を決め，勝った者が 1 点を得る．1 または 2 がでれば A の勝ち，3 または 4 がでれば B の勝ち，5 または 6 がでれば C の勝ちとする．A はあと 1 点，B はあと 2 点，C はあと 2 点を得るとゲームの勝者となる時点でゲームを中断した．どのように賭け金を分配したらよいか．

(解) 木を思い描いて考える．1 回ごとの勝者を書いてみる．たとえば BCA は 1 回目に B，2 回目に C，3 回目に A が勝ち，その結果 A が勝者でゲームが終了したものとする．

ゲームを続けたとしてゲームの勝者が決まるのは $\{A, BA, BB, BCA, BCB, BCC, CA, CBA, CBB, CBC, CC\}$ の場合である．A がゲームに勝利するのは A, BA, BCA, CA, CBA, の場合でありその確率は，A のとき $\dfrac{1}{3}$，BA, CA のとき各々 $\dfrac{1}{9}$，BCA, CBA のとき各々 $\dfrac{1}{27}$ であるから $\dfrac{1}{3} + \dfrac{1}{9} + \dfrac{1}{9} + \dfrac{1}{27} + \dfrac{1}{27} = \dfrac{17}{27}$ である．

同様にして B が勝利する確率と C が勝利する確率は各々 $\dfrac{5}{27}$ を得る．したがって，賭け金は 17 対 5 対 5 で分配すれば良い．

問 1.1.2. A と B の 2 人がお金を賭けてゲームをしている．1 回ごとの勝負で先に何回か勝った方がゲームの勝者となる．A があと k 回，B があと l 回勝てば勝者となるとき，やむをえない事情でゲームを中断した．賭け金をどのように分配したらよいか，答えよ．

1.2 級数の復習と 2 重級数

確率論では級数や積分は不可欠である．高校数学では級数の記号 $\sum$（シグマ）も学習することになっているが，$\sum$（シグマ）を正確に使いこなせない

人も見受けられる．そのため確率論を学ぶ人で，級数記号の取り扱いができないために確率論そのものの学習に支障をきたす人がいる．ここでは最初に高校レベルの級数を復習し，その後で結合分布の理解に必要な2重級数について紹介する．級数 $\sum_{k=1}^{n} a_k$ は，添え字の k を $\sum$ の下に書いてある 1 から $\sum$ の上に書いてある n まで動かしたときにできる数 $a_1, a_2, \ldots, a_n$ をとり，それらをすべて足し合わせてできるものを意味する．すなわち

$$\sum_{k=1}^{n} a_k = a_1 + a_2 + \cdots + a_n$$

を意味する．その意味を考えると，たとえば $\sum_{k=0}^{n} a_k$ は

$$\sum_{k=0}^{n} a_k = a_0 + a_1 + \cdots + a_n$$

を意味するし，$\sum_{k=2}^{2n} b_k$ は

$$\sum_{k=2}^{2n} b_k = b_2 + b_3 + \cdots + b_{2n}$$

を意味する．

命題 1.2.1.
(1) $\sum_{k=1}^{n}(a_k + b_k) = \sum_{k=1}^{n} a_k + \sum_{k=1}^{n} b_k$
(2) c を定数とするとき，$\sum_{k=1}^{n}(ca_k) = c\sum_{k=1}^{n} a_k$
(3) c を定数とするとき，$\sum_{k=1}^{n} c = nc$

証明. (1) の証明.

$$\sum_{k=1}^{n}(a_k+b_k) = (a_1+b_1)+(a_2+b_2)+\cdots+(a_n+b_n)$$
$$= (a_1+a_2+\cdots+a_n)+(b_1+b_2+\cdots+b_n)$$
$$= \sum_{k=1}^{n}a_k + \sum_{k=1}^{n}b_k$$

である.

(3) の証明.

$$\sum_{k=1}^{n}c = \underbrace{c+c+\cdots+c}_{n} = nc$$

□

高校の数学ではでてこない2重級数について説明しよう. $\sum_{i=1}^{m}\sum_{j=1}^{n}a_{ij}$ は,添え字の i と j とを,i は 1 から m まで,j は 1 から n まで動かしてできる数をすべて足し合わせてできるものを意味する.

わかりやすくするために以下のように a_{ij} を平面上に並べてみる.

$$\begin{matrix} a_{11} & a_{12} & \cdots & a_{1n} \\ a_{21} & a_{22} & \cdots & a_{2n} \\ \vdots & \vdots & \ddots & \vdots \\ a_{m1} & a_{m2} & \cdots & a_{mn} \end{matrix}$$

この平面上に並んだ a_{ij} をすべて足し合わせてできる数が $\sum_{i=1}^{m}\sum_{j=1}^{n}a_{ij}$ である.

命題 1.2.2.

(1) $\sum_{i=1}^{m}\sum_{j=1}^{n}(a_{ij}+b_{ij}) = \sum_{i=1}^{m}\sum_{j=1}^{n}a_{ij} + \sum_{i=1}^{m}\sum_{j=1}^{n}b_{ij}$

(2) c を定数とするとき,$\sum_{i=1}^{m}\sum_{j=1}^{n}(ca_{ij}) = c\sum_{i=1}^{m}\sum_{j=1}^{n}a_{ij}$

(3) c を定数とするとき，$\displaystyle\sum_{i=1}^{m}\sum_{j=1}^{n}c = mnc$

証明． (1) の証明．つぎの図と，2 重級数の意味より明らかである．

$$\begin{array}{cccc} a_{11}+b_{11} & a_{12}+b_{12} & \ldots & a_{1n}+b_{1n} \\ a_{21}+b_{21} & a_{22}+b_{22} & \ldots & a_{2n}+b_{2n} \\ \vdots & \vdots & \ddots & \vdots \\ a_{m1}+b_{m1} & a_{m2}+b_{m2} & \ldots & a_{mn}+b_{mn} \end{array}$$

□

命題 1.2.3.

$$\sum_{i=1}^{m}\sum_{j=1}^{n}a_{ij} = \sum_{i=1}^{m}\left\{\sum_{j=1}^{n}a_{ij}\right\} = \sum_{j=1}^{n}\left\{\sum_{i=1}^{m}a_{ij}\right\}$$

である．

ただし，$\displaystyle\sum_{i=1}^{m}\left\{\sum_{j=1}^{n}a_{ij}\right\}$ は各 $i=1,2\cdots,m$ に対して $c_i = \displaystyle\sum_{j=1}^{n}a_{ij}$ とおいたとき，$\displaystyle\sum_{i=1}^{m}\left\{\sum_{j=1}^{n}a_{ij}\right\} = \sum_{i=1}^{m}c_i$ の意味である．$\displaystyle\sum_{j=1}^{n}\left\{\sum_{i=1}^{m}a_{ij}\right\}$ もほぼ同様の意味である．

証明． 以下の図と 2 重級数の意味より明らかである．

$$\left\{\begin{array}{l} \boxed{\begin{array}{cccc} a_{11} & a_{12} & \ldots & a_{1n} \end{array}} \quad \cdots \sum_{j=1}^{n}a_{1j} \\ \boxed{\begin{array}{cccc} a_{21} & a_{22} & \ldots & a_{1n} \end{array}} \quad \cdots \sum_{j=1}^{n}a_{2j} \\ \quad\quad\quad \vdots \\ \boxed{\begin{array}{cccc} a_{m1} & a_{m2} & \ldots & a_{mn} \end{array}} \quad \cdots \sum_{j=1}^{n}a_{mj} \end{array}\right.$$

□

命題 1.2.4. 各 a_{ij} が $a_{ij} = c_i d_j$ $(i = 1, 2, \ldots, m; j = 1, 2, \ldots, n)$ であるとき，$\sum_{i=1}^{m} \sum_{j=1}^{n} a_{ij} = \left(\sum_{i=1}^{m} c_i \right) \left(\sum_{j=1}^{n} d_j \right)$ である．

証明．

$$\sum_{i=1}^{m} \sum_{j=1}^{n} a_{ij} = \sum_{i=1}^{m} \sum_{j=1}^{n} c_i d_j = \sum_{i=1}^{m} \left\{ \sum_{j=1}^{n} c_i d_j \right\}$$
$$= \sum_{i=1}^{m} \left\{ c_i \sum_{j=1}^{n} d_j \right\} = \left\{ \sum_{j=1}^{n} d_j \right\} \left\{ \sum_{i=1}^{m} c_i \right\}$$

□

例 1.2.1. $a_{ij} = i \times j^2$ $(i = 1, 2, \ldots, m; j = 1, 2, \ldots, n)$ とする．$\sum_{i=1}^{m} \sum_{j=1}^{n} a_{ij}$ を求めよ．

(解)

$$\sum_{i=1}^{m} \sum_{j=1}^{n} i \times j^2 = \left(\sum_{i=1}^{m} i \right) \left(\sum_{j=1}^{n} j^2 \right) = \frac{m(m+1)}{2} \frac{n(n+1)(2n+1)}{6}$$

問 1.2.1. $a_{ij} = i + j$ $(i = 1, 2, \ldots, m; j = 1, 2, \ldots, n)$ とする．$\sum_{i=1}^{m} \sum_{j=1}^{n} a_{ij}$ を求めよ．

練習問題

(1) A と B の 2 人が賭け金を賭けてゲームを行う．コインを投げて表がでれば A の勝ち，裏がでれば B の勝ちとして，勝った方が 1 点をもらう．この勝負を繰り返して最初に 6 点得た方が勝者となって賭け金をもらうこととする．以下の問いに答えよ．

(i) A が 5 点，B が 4 点得ている状況で，やむをえない事情でゲームを中止した．どのように分配したらよいか．

(ii) Aが4点，Bが3点得ている状況で，やむをえない事情でゲームを中止した．どのように分配したらよいか．

(2) AとBの2人がお金を賭けてゲームをしている．1回ごとの勝負で先に何回か勝った方がゲームの勝者となる．Aがあとk回，Bがあとl回勝てば勝者となるとき，やむをえない事情でゲームを中断した．賭け金をどのように分配したらよいか，答えよ．

(3) $a_{ij} = i^2 j^2$ ($i = 1, 2, \ldots, m; j = 1, 2, \ldots, n$) とする．$\sum_{i=1}^{m} \sum_{j=1}^{n} a_{ij}$ を求めよ．

(4) $a_{ij} = i + j$ ($i = 1, 2, \ldots, m; j = 1, 2, \ldots, n$) とする．$\sum_{i=1}^{m} \sum_{j=1}^{n} a_{ij}$ を求めよ．

第2章

確率空間

2.1 事象：和事象，積事象，余事象

試行：何が起こるかわからない一種の実験を**試行**という．たとえば，サイコロを投げどの目がでるかという試行（実験）をしたとき，どの目がでるかはわからず，ただ目のでる確率はわかっている．このような一種の実験を試行という．

1回の試行で起こることを**根元事象**といい，試行の結果起こりうるもの全体を**標本空間（全事象）**という．標本空間の部分集合を**事象**といい，特に，空集合 $\emptyset$ を**空事象**という．

例 2.1.1. つぎの各試行の結果生ずる標本空間（全事象）Ω を具体的に求めよ．
(1) サイコロを投げどの目がでるかという試行
(2) サイコロを2回投げ，1回目にどの目がでて2回目にどの目がでるかという試行

(解) (1) $\Omega = \{1, 2, 3, 4, 5, 6\}$

(2)
$$\Omega = \{(i,j) \,|\, i,j = 1,2,3,4,5,6\}$$
$$= \begin{Bmatrix} (1,1),(1,2),(1,3),(1,4),(1,5),(1,6) \\ (2,1),\ldots,(2,6) \\ \cdots \\ (6,1),(6,2),(6,3),(6,4),(6,5),(6,6) \end{Bmatrix}$$

2つの事象 A, B とする．A が起こりかつ B が起こる事象を A, B の**積事象**といい $A \cap B$ と書く．A または B が起こる事象を A, B の**和事象**といい $A \cup B$ と書く．A の起こらない事象を A の**余事象**といい A^C と書く．A が起こりかつ B が起こらない事象を**差事象**といい $A \setminus B$ と書く．

例 2.1.2. サイコロを2回投げる．つぎの問いに答えよ．
(1) 標本空間（全事象）Ω を求めよ．
(2) でた目の数の和が 10 である事象 A を求めよ．
(3) 1回目も2回目もともに偶数である事象 B を求めよ．
(4) 和事象 $A \cup B$, 積事象 $A \cap B$, 差事象 $A \setminus B$, 余事象 B^C を求めよ．
(5) でた目の数の和が 13 である事象を求めよ．

(解) (1) Ω は前の例で求めている．
(2) $A = \{(4,6),(5,5),(6,4)\}$
(3)
$$B = \begin{Bmatrix} (2,2),(2,4),(2,6) \\ (4,2),(4,4),(4,6) \\ (6,2),(6,4),(6,6) \end{Bmatrix}$$

(4)
$$A \cup B = \left\{\begin{array}{l}(2,2),(2,4),(2,6) \\ (4,2),(4,4),(4,6) \\ (6,2),(6,4),(6,6) \\ (5,5)\end{array}\right\}$$

$A \cap B = \{(4,6),(6,4)\}$
$A \setminus B = \{(5,5)\}$

$$B^C = \left\{\begin{array}{l}(1,1),(1,2),(1,3),(1,4),(1,5),(1,6) \\ (2,1),(2,3),(2,5) \\ (3,1),(3,2),(3,3),(3,4),(3,5),(3,6) \\ (4,1),(4,3),(4,5) \\ (5,1),(5,2),(5,3),(5,4),(5,5),(5,6) \\ (6,1),(6,3),(6,5)\end{array}\right\}$$

(5) 目の数の和が13になることはないので，空事象 $\emptyset$ である．

問 2.1.1. コインを2回投げる試行を行う．表と裏が1回ずつでる事象を A とする．少なくとも1回表がでる事象を B とする．
(1) 標本空間（全事象）Ω, 事象 A, B を求めよ．
(2) $A \cup B, (A \cup B)^c, A^c, B^c, A^c \cap B^c$ を求めよ．

2.2 集合論の補足

事象は数学的には集合だから，集合についての定義・記号・演算・定理の復習をする．

「もの」の集まりを集合とよび，その集合に属する「もの」をその集合の要素（元）という．x が集合 A の要素であることを $x \in A$ と書き，x が集合 A の要素でないとき $x \notin A$ と書く．

x が集合 A の要素ならば x が集合 B の要素となるとき，A は B の部分集合であるといい $A \subset B$ と書く．

$A \subset B$ であり,かつ $B \subset A$ であるとき,すなわち A の要素と B の要素が完全に一致するとき,集合 A と B とは等しいといい $A = B$ と書く.

要素を一つも含まないものも集合の仲間にいれ,空集合といい $\emptyset$ と書く.

集合 A に属しかつ集合 B に属するものからなる集合を,集合 A と B の共通集合といい $A \cap B$ と書く.すなわち,$A \cap B = \{x : x \in A$ かつ $x \in B\}$ である.

また集合 A に属するか,または集合 B に属するものからなる集合を,集合 A と B の和集合といい $A \cup B$ と書く.すなわち,$A \cup B = \{x : x \in A$ または $x \in B\}$ である.

全体集合を X としたとき,集合 A に属さないものからなる集合を A の補集合といい A^c とかく.すなわち $A^c = \{x \in X : x \notin A\}$ である.

集合 A に属しかつ集合 B に属さないものからなる集合を差集合といい $A \setminus B$ と書く.すなわち $A \setminus B = \{x : x \in A$ かつ $x \notin B\}$ である.

(注意) $(1) A^c = X \setminus A$
$(2) A \setminus B = A \cap B^c$

命題 2.2.1. 集合 A, B, C を全体集合 X の部分集合とする.つぎのことが成り立つ.

(1) $A \cup A = A, \quad A \cap A = A$

(2) $A \cup (A \cap B) = A, \quad A \cap (A \cup B) = A$

(3) $A \cup B = B \cup A, \quad A \cap B = B \cap A$

(4) $(A \cup B) \cup C = A \cup (B \cup C), \quad (A \cap B) \cap C = A \cap (B \cap C)$

(5) $A \cup (B \cap C) = (A \cup B) \cap (A \cup C), \quad A \cap (B \cup C) = (A \cap B) \cup (A \cap C)$

(6) $A \cup A^c = X, \quad A \cap A^c = \emptyset$

(7) $(A \cup B)^c = A^c \cap B^c, \quad (A \cap B)^c = A^c \cup B^c$

(8) $(A^c)^c = A$

I を集合とする.各 $i \in I$ に対して X の部分集合 A_i が与えられているとき,(部分) 集合 A_i の集まり $\{A_i\}_{i \in I}$ を I を添字集合とする (部分) 集合族という.

いずれかの A_i に属するものの全体からなる集合を，$\{A_i\}_{i \in I}$ の和集合といい $\bigcup_{i \in I} A_i$ と書く．すなわち

$$\bigcup_{i \in I} A_i = \{x : \text{ある } i \in I \text{ に対して } x \in A_i\}$$

すべての A_i に属するものの全体からなる集合を，$\{A_i\}_{i \in I}$ の共通集合といい $\bigcap_{i \in I} A_i$ と書く．すなわち

$$\bigcap_{i \in I} A_i = \{x : \text{すべての } i \in I \text{ に対して } x \in A_i\}$$

である．

命題 2.2.2. X の部分集合 A, I を添字集合とする（集合 X の部分）集合族を $\{B_i\}_{i \in I}$ とする．
(1) $A \cup (\bigcap_{i \in I} B_i) = \bigcap_{i \in I} (A \cup B_i)$
(2) $A \cap (\bigcup_{i \in I} B_i) = \bigcup_{i \in I} (A \cap B_i)$

命題 2.2.3. I を添字集合とする（集合 X の部分）集合族を $\{A_i\}_{i \in I}$ とする．
(1) $(\bigcup_{i \in I} A_i)^c = \bigcap_{i \in I} (A_i)^c$
(2) $(\bigcap_{i \in I} A_i)^c = \bigcup_{i \in I} (A_i)^c$

（注）上の 2 つの命題は，I が有限集合 $I = \{1, 2, \ldots, n\}$ である場合はつぎのようになる．

$$\begin{cases} A \cup (B_1 \cap B_2 \cap \cdots \cap B_n) &= (A \cup B_1) \cap (A \cup B_2) \cap \cdots \cap (A \cup B_n) \\ A \cap (B_1 \cup B_2 \cup \cdots \cup B_n) &= (A \cap B_1) \cup (A \cap B_2) \cup \cdots \cup (A \cap B_n) \\ (A_1 \cup A_2 \cup \cdots \cup A_n)^c &= (A_1)^c \cap (A_2)^c \cap \cdots \cap (A_n)^c \\ (A_1 \cap A_2 \cap \cdots \cap A_n)^c &= (A_1)^c \cup (A_2)^c \cup \cdots \cup (A_n)^c \end{cases}$$

2.3　確率空間の定義

全事象 Ω が有限個の要素 $\{a_1, a_2, \ldots, a_n\}$ からなる場合を考える．この場合，根元事情 $\{a_i\}$ の起こる確率を p_i とすると，条件

$$\begin{cases} 0 \leq p_i \leq 1 \quad (i = 1, 2, \ldots, n) \\ \sum_{i=1}^{n} p_i = 1 \end{cases}$$

を満たす．すると各事象 $A = \{a_{i_1}, a_{i_2}, \ldots, a_{i_k}\} \subset \Omega$ に対して，A の起こる確率 $P(A)$ は

$$P(A) = p_{i_1} + p_{i_2} + \cdots + p_{i_k}$$
$$= \sum_{a_i \in A} p_i$$

となると考えてよい．すると $0 \leq P(A) \leq 1$，$P(\Omega) = \sum_{i=1}^{n} p_i = 1$ である．さらに $A = \{a_{i_1}, a_{i_2}, \ldots, a_{i_k}\}, B = \{a_{j_1}, a_{j_2}, \ldots, a_{j_l}\} \subset \Omega$ で $A \cap B = \emptyset$ とすると $P(A \cup B) = P(A) + P(B)$ である．実際

$$P(A \cup B) = p_{i_1} + \cdots + p_{i_k} + p_{j_1} + \cdots + p_{j_l} = P(A) + P(B)$$

である．

以上のことを念頭において，確率空間の抽象的な定義をする．

定義 2.3.1. 集合 Ω の各部分集合 $A \subset \Omega$ に対して，実数 $P(A)$ が定まっていてつぎの条件をみたすとき，(Ω, P) を**確率空間**といい，値 $P(A)$ を**事象 A の起こる確率**とよぶ．

$$\begin{cases} (1) \quad 0 \leq P(A) \leq 1 \\ (2) \quad P(\Omega) = 1 \\ (3) \quad A \cap B = \emptyset \quad \Longrightarrow P(A \cup B) = P(A) + P(B) \end{cases}$$

(注) 確率は，長さ・面積・体積のような性質を持っていることがわかる．A の確率 $P(A)$ は A の長さ・面積・体積と似た性質をもち，全体 Ω の長さ・面積・体積のようなものが 1 である．

2.3. 確率空間の定義

命題 2.3.1. (Ω, P) を確率空間とする.
(1) $P(A^c) = 1 - P(A)$
(2) $P(A \setminus B) = P(A) - P(A \cap B)$
(3) $P(A \cup B) = P(A) + P(B) - P(A \cap B)$
(4) $P(A \cup B \cup C) = P(A) + P(B) + P(C) - P(A \cap B) - P(B \cap C)$
$- P(C \cap A) + P(A \cap B \cap C)$
(5) 一般に $A_1, A_2, \ldots, A_n \subset \Omega$ とする. このとき

$$P(A_1 \cup A_2 \cup \cdots \cup A_n)$$
$$= \sum_{i=1}^n P(A_i) - \sum_{1 \leq i < j \leq n} P(A_i \cap A_j) + \sum_{1 \leq i < j < k \leq n} P(A_i \cap A_j \cap A_k)$$
$$- \cdots + (-1)^{n-1} P(A_1 \cap A_2 \cap \cdots \cap A_n)$$

となる.

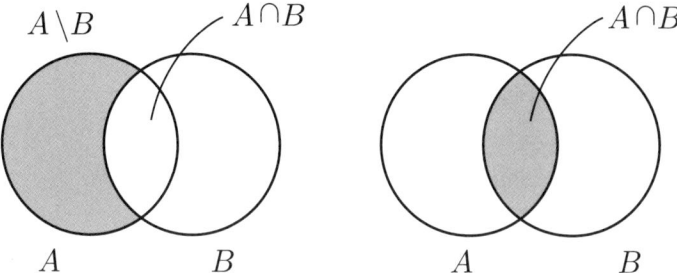

証明. (1) の証明. $\Omega = A \cup A^C$ で $A \cap A^C = \emptyset$ より $1 = P(\Omega) = P(A \cup A^C) = P(A) + P(A^C)$ となり, $P(A^C) = 1 - P(A)$ を得る.

(2) の証明. $A = (A \cap B) \cup (A \setminus B)$ で $(A \cap B) \cap (A \setminus B) = \emptyset$ より, $P(A) = P((A \cap B) \cup (A \setminus B)) = P(A \cap B) + P(A \setminus B)$ となる.

(3) の証明. $A \cup B = A \cup (B \setminus A)$ で $A \cap (B \setminus A) = \emptyset$ より
$P(A \cup B) = P(A \cup (B \setminus A)) = P(A) + P(B \setminus A) = P(A) + P(B) - P(A \cap B)$
となる.

(4) の証明. $A \cup B \cup C = A \cup (B \cup C)$, $A \cap (B \cup C) = (A \cap B) \cup (A \cap C)$,

$(A \cap B) \cap (A \cap C) = A \cap B \cap C$ であることと (3) とを使う.

$$P(A \cup B \cup C)$$
$$= P(A \cup (B \cup C))$$
$$= P(A) + P(B \cup C) - P(A \cap (B \cup C))$$
$$= P(A) + \{P(B) + P(C) - P(B \cap C)\} - P((A \cap B) \cup (A \cap C))$$
$$= P(A) + P(B) + P(C) - P(B \cap C)$$
$$\quad - \{P(A \cap B) + P(A \cap C) - P((A \cap B) \cap (A \cap C))\}$$
$$= P(A) + P(B) + P(C) - P(B \cap C) - P(A \cap B)$$
$$\quad - P(A \cap C) + P(A \cap B \cap C)$$

□

例 2.3.1. (Ω, P) を確率空間とする.事象 $A, B \subset \Omega$ に対して $P(A) = 0.4$, $P(B) = 0.3$, $P(A \cup B) = 0.6$ とする.つぎの問いに答えよ.
(1) $P(A \cap B)$ の値を求めよ.
(2) $P(A^C \cup B^C)$ の値を求めよ

(解) (1) $P(A \cap B) = P(A) + P(B) - P(A \cup B) = 0.1$
(2) $P(A^C \cup B^C) = P((A \cap B)^C) = 1 - P(A \cap B) = 0.9$

問 2.3.1. 確率空間 (Ω, P) の事象 $A, B \subset \Omega$ とする.$P(A) = 0.5$, $P(B) = 0.3$, $P(A \cap B) = 0.2$ とする.つぎの問いに答えよ.
(1) $P(A \cup B)$ の値を求めよ.
(2) $P(A^C \cap B^C)$ の値を求めよ

問 2.3.2. 確率空間 (Ω, P) の事象 $A, B, C \subset \Omega$ とする.$P(A) = 0.6$, $P(A \cap B) = 0.4$, $P(A \cap C) = 0.3$, $P(A \cap B \cap C) = 0.2$ とする.$P(A \setminus (B \cup C))$ の値を求めよ.

問 2.3.3. 確率空間 (Ω, P) の事象 $A, B, C \subset \Omega$ とする.$P(A \cup B \cup C) = 0.8$, $P(A) = 0.5$, $P(B) = 0.5$, $P(C) = 0.4$, $P(A \cap B) = 0.3$, $P(A \cap C) = 0.2$, $P(A \cap B \cap C) = 0.1$ とする.このとき,$P(A \cap C)$ の値を求めよ.

例 2.3.2. （一様分布）$\Omega = \{a_1, a_2, \ldots, a_n\}$ のとき，各根元事象の起こる確率が等しいとき，すなわち $P(\{a_1\}) = P(\{a_2\}) = \cdots = P(\{a_n\}) = \frac{1}{n}$ のとき，**一様分布**（同様に確からしい）という．

例 2.3.3. サイコロを 2 回投げる．つぎの問いに答えよ．
(1) でた目の数の和が 10 である事象 A の確率 $P(A)$ を求めよ．
(2) 少なくとも 1 回は偶数の目がでた事象 B の確率 $P(B)$ を求めよ．
(3) 1 回目も 2 回目もともに偶数の目がでた事象 C の確率 $P(C)$ を求めよ．

(解) 全事象 Ω は $\Omega = \{(i,j) \mid i,j = 1,2,3,4,5,6\}$ であり，要素の個数は $6^2 = 36$ 個である．各根元事情の起こる確率は等しいと見なせるから，各根元事象の起こる確率は $1/36$ である．

(1). $A = \{(4,6),(5,5),(6,4)\}$ であるから，$P(A) = 3 \times 1/36 = 1/12$ となる．

(2).
$$B = \left\{ \begin{array}{l} (2,1),(2,2),(2,3),(2,4),(2,5),(2,6) \\ (4,1),(4,2),(4,3),(4,4),(4,5),(4,6) \\ (6,1),(6,2),(6,3),(6,4),(6,5),(6,6)) \\ (1,2),(1,4),(1,6) \\ (3,2),(3,4),(3,6) \\ (5,2),(5,4),(5,6) \end{array} \right\}$$

となり，B の要素の個数は 27 個である．したがって $P(B) = 27/36 = 3/4$ である．

(3).
$$C = \left\{ \begin{array}{l} (2,2),(2,4),(2,6) \\ (4,2),(4,4),(4,6) \\ (6,2),(6,4),(6,6)) \end{array} \right\}$$

となるから C の要素の個数は 9 個である．したがって $P(C) = 9/36 = 1/4$ である．

(**注**) (3) は高校では $P(C) = 1/2 \times 1/2 = 1/4$ という形で学んでいる．ここでは遠回りであるが全事象をだして求めている．

つぎの問いは高校では簡単に $P(A) = 1/6$, $P(B) = 1/6 \times 1/6 = 1/36$, $P(C) = 1/2$ と求めている．問いの趣旨は全事象と各事象を求めて計算することにより，高校で求めたやり方が正当であることを確かめることである．

例 2.3.4. サイコロを3回投げる．つぎの問いに答えよ．
(1) 1回目にでた目が1である事象 A の確率 $P(A)$ を求めよ．
(2) 1回目と2回目にともに1の目がでた事象 B の確率 $P(B)$ を求めよ．
(3) 1回目に偶数の目がでた事象 C の確率 $P(C)$ を求めよ．

(**解**) 全事象 $\Omega = \{(i,j,k) \mid i,j,k = 1,2,3,4,5,6\}$ だから Ω の要素の個数は 6^3 個である．
(1). $A = \{(1,j,k) \mid j,k = 1,2,3,4,5,6\}$ より，事象 A の要素の個数は $6^2 = 36$ 個である．したがって，$P(A) = 6^2/6^3 = 1/6$ となる．
(2). $B = \{(1,1,k) \mid k = 1,2,3,4,5,6\}$ だから要素の個数は6個である．$P(B) = 6/6^3 = 1/6^2 = 1/36$ である．
(3). $C = \{(i,j,k) \mid i = 2,4,6; j,k = 1,2,3,4,5,6\}$ だから要素の個数は 3×6^2 個である．したがって $P(C) = (3 \times 6^2)/6^3 = 1/2$ である．

例 2.3.5. コインを4回投げる．つぎの問いに答えよ．
(1) 全事象 Ω を求めよ．表を H，裏を T として表わせ．
(2) 表が k 回でる事象を A_k ($k = 0,1,2,3,4$) とする．確率 $P(A_k)$ を求めよ．

(**解**) (1). $\Omega = \{(i,j,k,l) \mid i,j,k,l \in \{H,T\}\}$，すなわち書き下すと

$$\Omega = \left\{ \begin{array}{l} (H,H,H,H), (H,H,H,T), (H,H,T,H), (H,H,T,T), \\ (H,T,H,H), (H,T,H,T), (H,T,T,H), (H,T,T,T), \\ (T,H,H,H), (T,H,H,T), (T,H,T,H), (T,H,T,T), \\ (T,T,H,H), (T,T,H,T), (T,T,T,H), (T,T,T,T), \end{array} \right\}$$

であり，Ω の要素の個数は $2^4 = 16$ 個である．
(2). $A_0 = \{(T,T,T,T)\}$ であるから $P(A_0) = 1/16$ である．

$A_1 = \{(H,T,T,T),(T,H,T,T),(T,T,H,T),(T,T,T,H)\}$ である．A_1 の要素の個数は 4 個であるから，$P(A_1) = 4/16$ である．
$$A_2 = \left\{\begin{array}{l}(H,H,T,T),(H,T,H,T),(H,T,T,H),\\(T,H,H,T),(T,H,T,H),(T,T,H,H)\end{array}\right\}$$
である．個数は 6 個であるから $P(A_2) = 6/16$ である．
$A_3 = \{(H,H,H,T),(H,H,T,H),(H,T,H,H),(T,H,H,H)\}$ であり，要素の個数は 4 個であるから $P(A_3) = 4/16$ である．
$A_4 = \{(H,H,H,H)\}$ であるから $P(A_4) = 1/16$ である．

問 2.3.4. コインを 3 回投げる．つぎの問いに答えよ．
(1) 全事象 Ω を求めよ．表を 1，裏を 0 として表わせ．
(2) 表が k 回でる事象を A_k $(k=0,1,2,3)$ とする．確率 $P(A_k)$ を求めよ．

(注) 本書ではコインやサイコロを投げる問題は，有限回投げるというものしか扱っていない．しかし，コインを（仮想的に）無限回投げるという試行も考える必要がある．そのとき，全事象は
$$\Omega = \{(i_1, i_2, \ldots, i_n, \ldots) \mid i_1, i_2, \ldots, i_n, \ldots = 0, 1\} = \{0,1\}^{\mathbb{N}}$$
であり，Ω は可算集合ではなく $|\Omega| > \aleph_0$ である．したがって，確率を定めることのできる事象の与え方・「定義」の仕方も今までの議論のように簡単にはいかなくなる．

厳密な意味での確率空間の定義は下記の通りであるが，準備のみで時間がかかるので定義を紹介するだけにして詳しい議論は省略する．本来の意味での確率空間については，ルベーグ積分や確率論の専門書を参照していただきたい．

定義 2.3.2. 集合 Ω の部分集合からなる族 $\mathfrak{F}$ がつぎの条件をみたすとき，σ-集合体 (σ-algebra) という．
(1) $\emptyset, \Omega \in \mathfrak{F}$
(2) $A \in \mathfrak{F} \Longrightarrow A^c \in \mathfrak{F}$
(3) $A_n \in \mathfrak{F}$ $(n=1,2,\ldots) \Longrightarrow \cup_{n=1}^{\infty} A_n \in \mathfrak{F}$

定義 2.3.3. 集合 Ω, Ω の部分集合からなる σ-集合体 $\mathfrak{F}$ が与えられている. 各 $A \in \mathfrak{F}$ に対して実数 $P(A)$ が対応してつぎの条件をみたすとき, $(\Omega, \mathfrak{F}, P)$ を確率空間という.
(1) $0 \leq P(A) \leq 1$
(2) $P(\Omega) = 1$
(3) $A_n \in \mathfrak{F}$ $(n = 1, 2, \ldots)$ で $A_i \cap A_j = \emptyset$ $(i \neq j)$ ならば $P(\cup_{n=1}^\infty A_n) = \sum_{n=1}^\infty P(A_n)$ である.

2.4 独立性, 条件付き確率

確率論で最も重要な概念である独立性と条件付き確率について述べる.

定義 2.4.1. 確率空間 (Ω, P), 事象 $A, B \subset \Omega$ とする. $P(A \cap B) = P(A)P(B)$ のとき, 事象 A, B は**独立**であるという.

例 2.4.1. サイコロを2回投げ, 1回目に何の目がで, 2回目にどの目がでるかという試行をする. 1回目に偶数の目がでる事象を A とし, 2回目に奇数の目がでる事象を B とする. A, B は独立であることを示せ.

(解) 全事象 $\Omega = \{(i,j) \mid i,j = 1,2,3,4,5,6\}$ であり, 要素の個数は $6^2 = 36$ である.

$$A = \begin{Bmatrix} (2,1), (2,2), (2,3), (2,4), (2,5), (2,6) \\ (4,1), (4,2), (4,3), (4,4), (4,5), (4,6) \\ (6,1), (6,2), (6,3), (6,4), (6,5), (6,6) \end{Bmatrix}$$

$$B = \begin{Bmatrix} (1,1), (2,1), (3,1), (4,1), (5,1), (6,1) \\ (1,3), (2,3), (3,3), (4,3), (5,3), (6,3) \\ (1,5), (2,5), (3,5), (4,5), (5,5), (6,5) \end{Bmatrix}$$

であるから $P(A) = 18/36 = 1/2$, $P(B) = 18/36 = 1/2$ である. また

$$A \cap B = \begin{Bmatrix} (2,1), (2,3), (2,5) \\ (4,1), (4,3), (4,5) \\ (6,1), (6,3), (6,5) \end{Bmatrix}$$

だから $P(A\cap B) = 9/36 = 1/4$ となる．したがって，$P(A\cap B) = 1/4 = P(A)P(B)$ となるから A, B は独立である．

例 2.4.2. サイコロを 2 回投げ，1 回目に何の目がで，2 回目にどの目がでるかという試行をする．つぎの問いに答えよ．

(1) 1 回目に偶数の目がでる事象を A とし，2 回目に 5 以上の目がでる事象を B とする．A, B は独立か．

(2) 1 回目に偶数の目がでる事象を A とし，でた目の数の和が 11 以上である事象を B とする．A, B は独立か．

(解) (1)
$$A = \left\{\begin{array}{l}(2,1),(2,2),(2,3),(2,4),(2,5),(2,6) \\ (4,1),(4,2),(4,3),(4,4),(4,5),(4,6) \\ (6,1),(6,2),(6,3),(6,4),(6,5),(6,6)\end{array}\right\}$$

$$B = \left\{\begin{array}{l}(1,5),(2,5),(3,5),(4,5),(5,5),(6,5) \\ (1,6),(2,6),(3,6),(4,6),(5,6),(6,6)\end{array}\right\}$$

$A\cap B = \{(2,5),(2,6),(4,5),(4,6),(6,5),(6,6)\}$ である．したがって，$P(A) = 18\times\frac{1}{36} = \frac{1}{2}$，$P(B) = 12\times\frac{1}{36} = \frac{1}{3}$，$P(A\cap B) = 6\times\frac{1}{36} = \frac{1}{6}$ であるから，$P(A\cap B) = \frac{1}{6} = P(A)P(B)$ となる．ゆえに，A, B は独立である．

(2) A は (1) と同じであり，$B = \{(5,6),(6,5),(6,6)\}$ である．$A\cap B = \{(6,5),(6,6)\}$ である．$P(A) = \frac{1}{2}$，$P(B) = \frac{3}{36} = \frac{1}{12}$ だから $P(A)P(B) = \frac{1}{24}$ となる．一方 $P(A\cap B) = \frac{2}{36} = \frac{1}{18}$ より $P(A\cap B) \neq P(A)P(B)$ となるから，A, B は独立でない．

（注） 前の例では独立になることは直感的には明らかであるが，本例の (2) が独立になることは直感的には明らかではない．したがって，独立であるかそうでないかは，定義にしたがって調べる必要があることを本例は示唆している．

問 2.4.1. コインを n 回投げる．1 回目に表がでる事象を A とし，n 回目に裏がでる事象を B とする．A, B は独立であるかどうかを述べよ．

命題 2.4.1. 確率空間 (Ω, P), 事象 $A, B \subset \Omega$ とする. (1),(2),(3),(4) は同値である.

(1) A, B は独立である
(2) A^C, B は独立である
(3) A, B^C は独立である
(4) A^C, B^C は独立である

証明. (1) $\Longrightarrow$ (2) の証明.

$$P(A^C \cap B) = P(B \setminus A) = P(B) - P(A \cap B)$$
$$= P(B) - P(A)P(B) = P(B)(1 - P(A))$$
$$= P(B)P(A^C)$$

となるから, A^C, B は独立である.

他の同値性は $A = (A^C)^C$ などと, (1) $\Longrightarrow$ (2) より明らか.

たとえば, (2) $\Longrightarrow$ (1) を証明してみる.

A^C, B は独立であるとする. $A = (A^C)^C$ だから, (1) $\Longrightarrow$ (2) より $(A^C)^C = A, B$ は独立である. □

例 2.4.3. 確率空間 (Ω, P), 事象 $A, B \subset \Omega$ とし, $0 < P(A), P(B) < 1$ とする.

(1) $A \cap B = \emptyset$ ならば A, B は独立でない.
(2) $A \subset B$ ならば A, B は独立でない.

(解) (1) $P(A \cap B) = P(\emptyset) = 0$ であり, 一方 $P(A)P(B) > 0$ だから, $P(A \cap B) \neq P(A)P(B)$ となり, A, B は独立でない.

(2) $A \subset B$ より $A \cap B = A$ となるから, $P(A \cap B) = P(A)$ である. 一方, $P(A)P(B) < P(A)$ だから $P(A \cap B) \neq P(A)P(B)$ となる.

定義 2.4.2. 確率空間 (Ω, P), 事象 $A, B \subset \Omega$ とする.
$P(A) \neq 0$ のとき, $P(B|A) = \dfrac{P(A \cap B)}{P(A)}$ とおき, 事象 A のもとでの事象 B の**条件付き確率**という.

条件付き確率 $P(B|A)$ は，A が起こったときに A を全事象とみなして B の起こる確率（B がどれくらいの確率で起こるか）を問題にしている．

例 2.4.4. サイコロを 2 回投げて，1 回目と 2 回目にでた目がなんであるかという試行をする．でた目の数の和が 11 以上である事象を A，1 回目に偶数の目がでる事象を B とする．条件付き確率 $P(B|A)$ を求めよ．

（解） $P(A) = \dfrac{3}{36}, P(A \cap B) = \dfrac{2}{36}$ だから $P(B|A) = \dfrac{P(A \cap B)}{P(A)} = \dfrac{2}{3}$ となる．

（注） 直観的には，$A = \{(5,6),(6,5),(6,6)\}$ で A の要素の個数は 3 個，そのうち B であるのは $\{(6,5),(6,6)\}$ の 2 個であるので，A のなかで B である確率は $\dfrac{2}{3}$ と考えることができる．

問 2.4.2. サイコロを 2 回投げる．でた目の数の和が 11 以上である事象を A，1 回目に偶数の目がでる事象を B とする．条件付き確率 $P(A|B)$ を求めよ．

命題 2.4.2. (Ω, P) を確率空間とする．$A, B \subset \Omega$ で $0 < P(A), P(B)$ とする．このとき，A, B が独立 $\iff P(B|A) = P(B)$

証明． 条件付き確率の定義 $P(B|A) = \dfrac{P(A \cap B)}{P(A)}$ より明らか．
$\square$

定理 2.4.1.（条件付き確率の乗法定理）確率空間を (Ω, P) とする．
(1) 事象 $A, B \subset \Omega$ とする．$P(A \cap B) = P(A) P(B|A)$ である．
(2) 事象 $A, B, C \subset \Omega$ とする．$P(A \cap B \cap C) = P(A) P(B|A) P(C|B \cap A)$ である．
(3) 事象の列 $A_1, A_2, \ldots, A_n \subset \Omega$ とする．

$$P(A_1 \cap A_2 \cap \cdots \cap A_n) = P(A_1) P(A_2|A_1) \cdots P(A_n|A_{n-1} \cap A_{n-2} \cap \cdots \cap A_1)$$
$$= \prod_{i=1}^{n} P(A_i|A_{i-1} \cap \cdots \cap A_1)$$

証明． (1) の証明．$P(A \cap B) = P(A) \dfrac{P(A \cap B)}{P(A)} = P(A) P(B|A)$ を得る．

(2) の証明.

$$P(A \cap B \cap C) = P(A)\frac{P(A \cap B)}{P(A)}\frac{P(A \cap B \cap C)}{P(A \cap B)}$$
$$= P(A)P(B|A)P(C|A \cap B)$$

(3) の証明.

$$P(A_1 \cap A_2 \cap \cdots \cap A_n)$$
$$= P(A_1)\frac{P(A_1 \cap A_2)}{P(A_1)}\frac{P(A_1 \cap A_2 \cap A_3)}{P(A_1 \cap A_2)} \cdots \frac{P(A_1 \cap A_2 \cap A_{n-1} \cap A_n)}{P(A_1 \cap A_2 \cap A_{n-1})}$$
$$= P(A_1)P(A_2|A_1) \cdots P(A_n|A_{n-1} \cap A_{n-2} \cap \cdots \cap A_1)$$

□

条件付き確率の乗法定理 2.4.1 を利用する問題を考えてみよう.

例 2.4.5. 5個の赤玉と3個の白玉がはいった壺がある. 壺のなかからランダムに玉をとりだし, その玉を壺にもどすことなくさらに玉をランダムにとりだすものとする. 1回目に赤玉がでて2回目に白玉のでる確率を求めよ.

(解) 1回目に赤玉がでる事象を A とし, 2回目に白玉がでる事象を B とする. 事象 A, B は独立でないことに注意しよう. 求めるものは $P(A \cap B)$ である. 乗法定理より $P(A \cap B) = P(A)P(B|A) = \frac{5}{8} \times \frac{3}{7} = \frac{15}{56}$ を得る.

(別解) 組み合わせ的な考え方で求める. 全事象の要素の個数は 8×7 であり, そのうち1回目が赤玉で2回目が白玉であるのは, 5×3 である. したがって, 確率は $\frac{5 \times 3}{8 \times 7} = \frac{15}{56}$ となる.

補足説明をしよう. 赤玉に番号をつけ, それぞれ R_1, R_2, R_3, R_4, R_5 とす

2.4. 独立性，条件付き確率

る．同様に，白玉に番号をつけ W_1, W_2, W_3 とする．全事象 Ω は

$$\Omega = \left\{\begin{array}{l} (R_1, R_2), (R_1, R_3), \ldots, (R_1, R_5), \ldots, (R_1, W_3) \\ (R_2, R_1), (R_2, R_3), \ldots, (R_2, R_5), \ldots, (R_2, W_3) \\ \cdots \\ (W_1, R_1), (W_1, R_2), \ldots, (W_1, R_5), \ldots, (W_1, W_3) \\ \cdots \\ (W_3, R_1), (W_3, R_2), \ldots, (W_3, R_5), \ldots, (W_3, W_2) \end{array}\right\}$$

となる．したがって Ω の要素の個数は 8×7 個であり，各根元事象の確率は等しく $\frac{1}{8 \times 7}$ である．このうちで1回目が赤で2回目が白である事象は

$$\left\{\begin{array}{l} (R_1, W_1), (R_1, W_2), (R_1, W_3) \\ (R_2, W_1), (R_2, W_2), (R_2, W_3) \\ \cdots \\ (R_5, W_1), (R_5, W_2), (R_5, W_3) \end{array}\right\}$$

であり要素の個数は 5×3 である．したがって，その確率は $\dfrac{1}{8 \times 7} \times (5 \times 3)$ である．

問 2.4.3. 赤玉が8個，白玉が5個，黒玉が3個はいっている壺がある．壺から玉を取り出してその玉を壺にもどすことなく，また壺から玉をとりだす．さらにその玉を壺にもどすことなくまた玉をとりだす．1回目に赤玉がで，2回目に白玉がでて3回目に黒玉のでる確率を求めよ．

例 2.4.6. くじが n 本あり，そのうちの1本のみが当たりくじとする．n 人が順番にくじを引くとする．1番目に引く人も，2番目に引く人も，最後に引く人も当たる確率は等しく $1/n$ であること，すなわち順番にはよらないことを条件付き確率の乗法定理を使って示せ．

(解) 1番目に引く人の当たる確率は $1/n$ である．2番目に引く人が当たる確率は，1番目に引く人がはずれでかつ2番目の人が当たる確率だから乗法定理

より $\frac{n-1}{n} \times \frac{1}{n-1} = 1/n$ である．同様にして，k 番目に引く人が当たる確率は

$$\frac{n-1}{n} \times \frac{n-2}{n-1} \times \cdots \times \frac{1}{n-k+1} = \frac{1}{n}$$

である．

問 2.4.4. 5 本のくじがあり，そのなかに 2 本当たりくじがある．5 人の人が順番にくじをひくとき，当たる確率は順番によらず 2/5 であることを条件付き確率の乗法定理を用いて示せ．

定義 2.4.1 において 2 個の事象の独立性について定義したが，3 個以上の事象の独立性について定義しよう．

定義 2.4.3. 確率空間 (Ω, P) とする．
(1) 事象 $A, B, C \subset \Omega$ とする．つぎの条件をみたすとき，事象の族 $\{A, B, C\}$ は**独立**であるという．

$$\begin{cases} P(A \cap B) = P(A)P(B), \ P(A \cap C) = P(A)P(C) \\ P(B \cap C) = P(B)P(C), \ P(A \cap B \cap C) = P(A)P(B)P(C) \end{cases}$$

(2) 一般に，事象の族 $\{A_1, A_2, \ldots, A_n\}$ とする．
任意の $1 \leq i_1 < i_2 < \cdots < i_k \leq n$ $(2 \leq k \leq n)$ に対して $P(A_{i_1} \cap A_{i_2} \cap \cdots \cap A_{i_k}) = P(A_{i_1})P(A_{i_2}) \cdots P(A_{i_k})$ となるとき，事象の族 $\{A_1, A_2, \ldots, A_n\}$ は**独立**であるという．

例 2.4.7.
(1) サイコロを 3 回投げる．1 回目に 1 の目がでる事象を A，2 回目に 1 の目がでる事象を B，3 回目に 1 の目がでる事象を C とするとき，$\{A, B, C\}$ は独立である．
(2) サイコロを 2 回投げる．1 回目と 2 回目にでた目の和が 10 以上である事象を A とし，1 回目に奇数の目がでる事象を B とし，2 回目に 3 の倍数の目がでる事象を C とする．等式 $P(A \cap B \cap C) = P(A)P(B)P(C)$ は満たすが，$\{A, B, C\}$ は独立ではない．

(**解**) (1)$A\cap B = \{(1,1,1),(1,1,2),(1,1,3),(1,1,4),(1,1,5),(1,1,6)\}$ だから $P(A\cap B) = 6\times \frac{1}{6^3} = \frac{1}{6^2}$ である. 一方 $P(A) = 6^2 \times \frac{1}{6^3} = \frac{1}{6}$, $P(B) = 6^2 \times \frac{1}{6^3} = \frac{1}{6}$ だから $P(A)P(B) = \frac{1}{6^2}$ となり, $P(A\cap B) = P(A)P(B)$ を満たす. その他の条件を満たすことも同様にして示せる.

(2)$A = \{(4,6),(5,5),(6,4),(5,6),(6,5),(6,6)\}$ などに注意すると $A\cap B\cap C = \{(5,6)\}$ だから $P(A\cap B\cap C) = \frac{1}{6^2}$ である. また $P(A)P(B)P(C) = \frac{1}{6}\times \frac{1}{2}\times \frac{1}{3} = \frac{1}{6^2}$ となるから $P(A\cap B\cap C) = P(A)P(B)P(C)$ である. ところで, $P(A\cap B) = \frac{1}{18}$ であり, 一方 $P(A)P(B) = \frac{1}{12}$ となるから $P(A\cap B) \neq P(A)P(B)$ である. したがって $\{A,B,C\}$ は独立ではない.

命題 2.4.3. 確率空間 (Ω, P) とする.
(1) 事象の族 $\{A,B,C\}$ が独立ならば $\{A,B\}$ は独立である. 同様に $\{A,C\}$ も, $\{B,C\}$ も独立である.
(2) 一般に, 事象の族 $\{A_1, A_2, \ldots, A_n\}$ が独立とする. このとき, 任意の $1 \leq i_1 < i_2 < \cdots < i_k \leq n$ $(2 \leq k \leq n)$ に対して事象の族 $\{A_{i_1}, A_{i_2}, \ldots, A_{i_k}\}$ は独立である.
(3) 事象の族 $\{A_1, A_2, \ldots, A_n\}$ が独立とする. 各 A_i に対して $B_i = A_i$ または A_i^C とする. このとき $\{B_1, B_2, \ldots, B_n\}$ は独立である.

証明. (1),(2) は定義より明らか. (3) の証明. 簡単のために $n=3$ の場合を示す.

$\{A_1, A_2, A_3\}$ が独立とする. $B_1 = A_1^C, B_2 = A_2, B_3 = A_3$ のとき,

$$\begin{aligned}P(B_1 \cap B_2 \cap B_3) &= P(A_1^C \cap A_2 \cap A_3) = P((A_2 \cap A_3) \setminus A_3) \\ &= P(A_2 \cap A_3) - P(A_2 \cap A_3 \cap A_1) \\ &= P(A_2)P(A_3) - P(A_2)P(A_3)P(A_1) \\ &= P(A_2)P(A_3)(1 - P(A_1)) = P(A_2)P(A_3)P(A_1^C) \\ &= P(B_1)P(B_2)P(B_3)\end{aligned}$$

を得る. 他の等式も同様にして示せる. したがって, $\{B_1, B_2, \ldots, B_n\}$ は独立である. □

2.5 ベイズの定理

ある結果を生じる原因としていくつかの原因があり，各原因からその結果が生じる確率（事前確率という）がわかっているものとする．このときその結果が生じたとき，どの原因により起こったか，その確率（事後確率という）を問題にしよう．この問題に答えるのがベイズ（Bayes）の定理である．

定理 2.5.1. （ベイズ）確率空間を (Ω, P) とし，事象の列 $A_1, A_2, \ldots, A_n \subset \Omega$，事象 $B \subset \Omega$ とする．$\Omega = A_1 \cup A_2 \cup \cdots \cup A_n$ で $A_i \cap A_j = \emptyset$ $(i \neq j$ のとき$)$ とする．このとき

$$P(A_i|B) = \frac{P(A_i)P(B|A_i)}{\sum_{j=1}^{n} P(A_j)P(B|A_j)} \qquad (i = 1, 2, \cdots, n)$$

である．

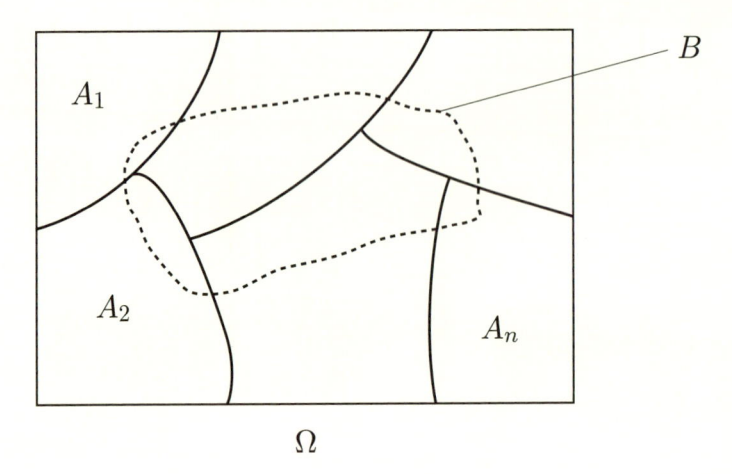

証明．

$$\begin{aligned} B &= B \cap \Omega \\ &= B \cap (A_1 \cup A_2 \cup \cdots \cup A_n) \\ &= (B \cap A_1) \cup (B \cap A_2) \cup \cdots \cup (B \cap A_n) \end{aligned}$$

2.5. ベイズの定理

であり,しかも $(B \cap A_i) \cap (B \cap A_j) = B \cap (A_i \cap A_j) = \emptyset$ ($i \neq j$ のとき) だから,$P(B) = \sum_{j=1}^{n} P(B \cap A_j)$ である.したがって

$$P(A_i|B) = \frac{P(A_i \cap B)}{P(B)} = \frac{P(A_i)P(B|A_i)}{\sum_{j=1}^{n} P(B \cap A_j)} = \frac{P(A_i)P(B|A_i)}{\sum_{j=1}^{n} P(A_j)P(B|A_j)}$$

□

原因 A_i で結果 B を生じる確率(A_i のもとで B の起こる条件付き確率)$P(B|A_i)$ を**事前確率**という.結果 B が生じたとき,その原因が A_i である確率(B のもとで A_i の起こる条件付き確率)$P(A_i|B)$ を**事後確率**という.

系 2.5.1. 確率空間を (Ω, P) とし,事象 $A, B \subset \Omega$ とする.このとき

$$P(A|B) = \frac{P(A)P(B|A)}{P(A)P(B|A) + P(A^c)P(B|A^c)}$$

証明. $\Omega = A \cup A^C$,$A \cap A^C = \emptyset$ だから,ベイズの定理より直ちに得られる. □

例 2.5.1. 4 工場である商品を生産している.商品の各工場の生産比と,各工場でのその商品の不良品の生じる割合を以下の通りとする.

	第 1 工場	第 2 工場	第 3 工場	第 4 工場
生産比	40 %	30 %	20 %	10 %
不良品の生じる割合	0.04	0.02	0.02	0.01

商品が不良品であったとき,各工場で生産されている確率をベイズの定理より求めよ.

(解) 第 1 工場で生産される商品を A_1 とし,同様に第 2 工場,第 3 工場,第 4 工場で生産される商品をそれぞれ A_2, A_3, A_4 とする.また不良品を B とする.表より $P(A_1) = 0.4$,$P(A_2) = 0.3$,$P(A_3) = 0.2$,$P(A_4) = 0.1$ であり,$P(B|A_1) = 0.04$,$P(B|A_2) = 0.02$,$P(B|A_3) = 0.02$,$P(B|A_4) = 0.01$ である.

不良品が第1工場で生産されている確率 $P(A_1|B)$ は,ベイズの定理より

$P(A_1|B)$
$= \dfrac{P(A_1)P(B|A_1)}{P(A_1)P(B|A_1) + P(A_2)P(B|A_2) + P(A_3)P(B|A_3) + P(A_4)P(B|A_4)}$
$= \dfrac{0.4 \times 0.04}{0.4 \times 0.04 + 0.3 \times 0.02 + 0.2 \times 0.02 + 0.1 \times 0.01}$
$= \dfrac{16}{27} \approx 0.59$

同様にして,
$P(A_2|B) = \dfrac{6}{27} \approx 0.22$, $P(A_3|B) = \dfrac{4}{27} \approx 0.15$, $P(A_4|B) = \dfrac{1}{27} \approx 0.04$ となる.

例 2.5.2. 日本である病気にかかっている人の割合は 0.01% であり,血液検査をすると 100% で陽性反応がでる.またその病気に感染していない人には 1% の確率で陽性反応がでるとする.
ある人が血液検査をしたとき陽性反応がでた.この人が本当にこの病気に感染している確率を求めよ.

(解) 病気に感染している事象を A とし,陽性反応がでる事象を B とする.問題より $P(A) = 0.0001$, $P(A^C) = 0.9999$, $P(B|A) = 1$, $P(B|A^C) = 0.01$ である.ベイズの定理より

$$P(A|B) = \dfrac{P(A)P(B|A)}{P(A)P(B|A) + P(A^c)P(B|A^c)}$$
$$= \dfrac{0.0001 \times 1}{0.0001 \times 1 + 0.9999 \times 0.01}$$
$$= \dfrac{100}{10099} \approx 0.01$$

(注) この問題を素朴に考えて解いてみる.100万人の人口をもつ都市を考える.そのうち感染している人は $1000000 \times 0.0001 = 100$ 人である.感染していない人で陽性反応がでる人は $999900 \times 0.01 = 9999$ 人である.したがって,陽性反応がでる人の総数は $100 + 9999 = 10099$ 人である.陽性反応がでる人のうち感染している人の割合は $\dfrac{100}{10099} \approx 0.01$ となる.
ベイズの定理での求め方と本質的には同じである.

問 2.5.1. 以下の問いに答えよ.
(1) 3 工場である商品を生産している．商品の各工場の生産比と，各工場でのその商品の不良品の生じる割合を以下の通りとする．

	第 1 工場	第 2 工場	第 3 工場
生産比	50 %	30 %	20 %
不良品の生じる割合	0.03	0.02	0.01

商品が不良品であったとき，各工場で生産されている確率をベイズの定理より求めよ．
(2) ある病気にかかっている人の割合は 0.01% であり，血液検査をすると 99% で陽性反応がでる．またその病気に感染していない人には 1% の確率で陽性反応がでるとする．
(i) ある人が血液検査をしたとき陽性反応がでた．この人が本当にこの病気に感染している確率を求めよ．
(ii) ある人が血液検査をして陽性反応がでた．そこでさらに 2 回目の血液検査をしたとき，ふたたび陽性反応がでた．この人が本当にこの病気に感染している確率を求めよ．

練習問題

(1) コインを 2 回投げる試行を行う．表と裏が 1 回ずつ出る事象を A とする．少なくとも 1 回表がでる事象を B とする．
  (i) 標本空間（全事象）Ω, 事象 A, B を求めよ．
  (ii) $A \cup B, (A \cup B)^c, A^c, B^c, A^c \cap B^c$ を求めよ．

(2) 確率空間 (Ω, P) の事象 $A, B \subset \Omega$ とする．$P(A) = 0.5, P(B) = 0.3, P(A \cap B) = 0.2$ とする．つぎの問いに答えよ．
  (i) $P(A \backslash B)$ および $P(B \backslash A)$ を求めよ．
  (ii) $P(A \cup B)$ の値を求めよ．
  (iii) $P(A^C \cap B^C)$ の値を求めよ

(3) 確率空間 (Ω, P) の事象 $A, B, C \subset \Omega$ とする．$P(A) = 0.6$, $P(A \cap B) =$

0.4, $P(A\cap C)=0.3$, $P(A\cap B\cap C)=0.2$ とする．$P(A\setminus(B\cup C))$ の値を求めよ．

(4) 確率空間 (Ω,P) の事象 $A,B,C\subset\Omega$ とする．$P(A\cup B\cup C)=0.8$, $P(A)=0.5$, $P(B)=0.5$, $P(C)=0.4$, $P(A\cap B)=0.3$, $P(A\cap C)=0.2$, $P(A\cap B\cap C)=0.1$ とする．このとき，$P(A\cap C)$ の値を求めよ．

(5) 確率空間 (Ω,P) の事象 $A,B,C,D\subset\Omega$ とする．このとき，次の等式が成り立つことを証明せよ．

$$\begin{aligned}&P(A\cup B\cup C\cup D)\\=\ &P(A)+P(B)+P(C)+P(D)\\&-P(A\cap B)-P(A\cap C)-P(A\cap D)\\&-P(B\cap C)-P(B\cap D)-P(C\cap D)\\&+P(A\cap B\cap C)+P(A\cap B\cap D)+P(A\cap C\cap D)+P(B\cap C\cap D)\\&-P(A\cap B\cap C\cap D)\end{aligned}$$

(6) コインを 3 回投げる．つぎの問いに答えよ．
　(i) 全事象 Ω を求め，その個数を求めよ．表を 1，裏を 0 として表わせ．
　(ii) 表が k 回でる事象を A_k, $(k=0,1,2,3)$ とする．確率 $P(A_k)$ を求めよ．

(7) コインを n 回投げる．つぎの問いに答えよ．
　(i) 全事象 Ω を求めよ．表を 1，裏を 0 として表わせ．
　(ii) 1 回目に表のでる事象 A を求め，確率 $P(A)$ を求めよ．
　(iii) 1 回目，2 回目にともに表のでる事象 B を求め，確率 $P(B)$ を求めよ．
　(iv) 表が k 回でる事象を C_k, $(k=0,1,2,3,\ldots,n)$ とする．確率 $P(C_k)$ を求めよ．

(8) コインを n 回投げる．1 回目に表がでる事象を A とし，n 回目に裏がでる事象を B とする．A,B は独立であるかどうかを述べよ．

(9) サイコロを 2 回投げる．出た目の数の和が 11 以上である事象を A, 1 回目に偶数の目がでる事象を B とする．条件付き確率 $P(A|B)$ を求めよ．

(10) 赤玉が 8 個，白玉が 5 個，黒玉が 3 個はいっている壺がある．壺から玉を取り出してその玉を壺にもどすことなく，また壺から玉をとりだす．さらにその玉を壺にもどすことなくまた玉をとりだす．1 回目に赤玉がで，2 回目に白玉がでて 3 回目に黒玉のでる確率を求めよ．

(11) 5 本のくじがあり，そのなかに 2 本当たりくじがある．5 人の人が順番にくじをひくとき，当たる確率は順番によらず 2/5 であることを条件付き確率の乗法定理を用いて示せ．

(12) 3 工場である商品を生産している．商品の各工場の生産比と，各工場でのその商品の不良品の生じる割合を以下の通りとする．

	第 1 工場	第 2 工場	第 3 工場
生産比	50 %	30 %	20 %
不良品の生じる割合	0.03	0.02	0.01

商品が不良品であったとき，各工場で生産されている確率をベイズの定理より求めよ．

(13) ある病気にかかっている人の割合は 0.01% であり，血液検査をすると 99% で陽性反応がでる．またその病気に感染していない人には 1% の確率で陽性反応がでるとする．
(i) ある人が血液検査をしたとき陽性反応がでた．この人が本当にこの病気に感染している確率を求めよ．
(ii) ある人が血液検査をして陽性反応がでた．そこでさらに 2 回目の血液検査をしたとき，ふたたび陽性反応がでた．この人が本当にこの病気に感染している確率を求めよ．

第3章

離散型の確率変数

3.1 分布

サイコロを2回投げる．出た目の和を X とすると，X のとり得る値は2から12までの整数である．実際にどの値をとるかはわからないが，各値をとる確率は以下のようにしてわかる．このように，一種の関数でどの値をとるかはわからないが，各値をとる確率はわかる（確率が付随している一種の関数）ものを**確率変数**という．さらにこの例のようにとびとびの値（離散的）をとる確率変数を**離散型の確率変数**という．

離散型の確率変数 X のとる値を $x_1, x_2, \ldots, x_n$ とする．値 x_i をとる確率を $P(X = x_i)$ とするとき，各値 x_i をとる確率 $p_i = P(X = x_i)$ $(i = 1, 2, \ldots, n)$ を X の**分布**という．分布を表にすると以下のようになる．

X の値	x_1	x_2	$\cdots$	x_n	計
確率	p_1	p_2	$\cdots$	p_n	1

例 3.1.1. サイコロを投げたとき，でた目を X とする．X の分布を求めよ．

(解) X のとる値は $1, 2, 3, 4, 5, 6$ で，確率は等しいから $P(X = i) = \frac{1}{6}$ $(i = 1, 2, \ldots, 6)$ である．

X の値	1	2	3	4	5	6	計
確率	$\frac{1}{6}$	$\frac{1}{6}$	$\frac{1}{6}$	$\frac{1}{6}$	$\frac{1}{6}$	$\frac{1}{6}$	1

定義 3.1.1. 離散型の確率変数 X が n 個の値 $x_1, x_2, \ldots, x_n$ をとるとする. 値 x_i をとる確率 $P(X = x_i)$ が $P(X = x_i) = \frac{1}{n}$, $(i = 1, 2, \ldots, n)$ となるとき, X の分布は**一様分布**である, または X は**一様分布に従う**という.

例 3.1.2. サイコロを 2 回投げる. 出た目の和を X とするとき, X の分布を求めよ.

(解) X が値 i をとる確率を $P(X = i)$ と書くことにする.
全事象 Ω は $\Omega = \{(i, j) : 1 \leq i \leq 6, 1 \leq j \leq 6\}$ であり, 各根元事象の確率は $1/36$ である.

$$P(X = 2) = \text{``}X = 2 \text{ となる事象の確率''} = P(\{(1, 1)\}) = 1/36,$$
$$P(X = 3) = \text{``}X = 3 \text{ となる事象の確率''} = P(\{(1, 2), (2, 1)\}) = 2/36$$

このようにして,

$$P(X = 4) = 3/36, \ P(X = 5) = 4/36, \ P(X = 6) = 5/36,$$
$$P(X = 7) = 6/36, \ P(X = 8) = 5/36, \ P(X = 9) = 4/36,$$
$$P(X = 10) = 3/36, \ P(X = 11) = 2/36, \ P(X = 12) = 1/36$$

を得る. これを表で表わすと以下となる.

X の値	2	3	4	5	6	7	8	9	10	11	12	計
確率	$\frac{1}{36}$	$\frac{2}{36}$	$\frac{3}{36}$	$\frac{4}{36}$	$\frac{5}{36}$	$\frac{6}{36}$	$\frac{5}{36}$	$\frac{4}{36}$	$\frac{3}{36}$	$\frac{2}{36}$	$\frac{1}{36}$	1

(**注**) 確率変数は, 確率空間 (Ω, P) 上の関数 $X : \Omega \to \mathrm{R}$ とみなせる. このとき, 確率変数の分布は X によって導入される R 上の確率測度である.

例 3.1.3. サイコロを 2 回投げる. 出た目の差の絶対値を X とする. X の分布を求めよ.

(解) X が値 i をとる確率を $P(X = i)$ と書くことにする.
　全事象 Ω は $\Omega = \{(i, j) : 1 \leq i \leq 6, 1 \leq j \leq 6\}$ であり, 各根元事象の確

3.1. 分布

率は 1/36 である. X の取る値は, $0, 1, 2, 3, 4, 5$ である.

$P(X = 0) =$ "$X = 0$ となる事象の確率"
$= P(\{(1,1), (2,2), (3,3), (4,4), (5,5), (6,6)\}) = 6/36$

$P(X = 1) =$ "$X = 1$ となる事象の確率"
$= P(\{(1,2), (2,3), (3,4), (4,5), (5,6), (2,1), (3,2), (4,3), (5,4), (6,5)\})$
$= 10/36$

$P(X = 2) =$ "$X = 2$ となる事象の確率"
$= P(\{(1,3), (2,4), (3,5), (4,6), (3,1), (4,2), (5,3), (6,4)\}) = 8/36$

$P(X = 3) =$ "$X = 3$ となる事象の確率"
$= P(\{(1,4), (2,5), (3,6), (4,1), (5,2), (6,3)\}) = 6/36$

$P(X = 4) =$ "$X = 4$ となる事象の確率"
$= P(\{(1,5), (2,6), (5,1), (6,2)\}) = 4/36$

$P(X = 5) =$ "$X = 5$ となる事象の確率"
$= P(\{(1,6), (6,1)\}) = 2/36$

このようにして,

$$P(X = 0) = 6/36,\ P(X = 1) = 10/36,\ P(X = 2) = 8/36,$$
$$P(X = 3) = 6/36,\ P(X = 4) = 4/36,\ P(X = 5) = 2/36$$

を得る.

これを表で表わすと.

X の値	0	1	2	3	4	5	計
確率	$\frac{6}{36}$	$\frac{10}{36}$	$\frac{8}{36}$	$\frac{6}{36}$	$\frac{4}{36}$	$\frac{2}{36}$	1

問 3.1.1. サイコロを 2 回投げる. 1 回目にでた目から 2 回目にでた目の差を X とする. X の分布を求めよ.

例 3.1.4. サイコロを 2 回投げる. 1 回目にでた目を X_1 とし, 2 回目にでた目を X_2 とする. X_1 と X_2 の分布を求めよ.

(**解**) 全事象 Ω は $\Omega = \{(i,j) : 1 \leq i \leq 6, 1 \leq j \leq 6\}$ であり，各根元事象の確率は $1/36$ である．X_1 のとる値は $1, 2, 3, 4, 5, 6$ である．

$$P(X_1 = 1) = \text{``}X_1 = 1 \text{ となる事象の確率''}$$
$$= P(\{(1,1), (1,2), (1,3), (1,4), (1,5), (1,6)\}) = 6 \times \frac{1}{36} = \frac{1}{6}$$

である．同様にして，

$$P(X_1 = 2) = P(X_1 = 3) = P(X_1 = 4) = P(X_1 = 5) = P(X_1 = 6) = \frac{1}{6}$$

を得る．

X_1 の値	1	2	3	4	5	6	計
確率	$\frac{1}{6}$	$\frac{1}{6}$	$\frac{1}{6}$	$\frac{1}{6}$	$\frac{1}{6}$	$\frac{1}{6}$	1

となる．X_2 の分布も同様にして X_1 の分布と全く同じであることがわかる．

問 3.1.2. サイコロを n 回投げる．1 回目にでた目を X_1 とし，2 回目にでた目を X_2，一般に k 回目にでた目を X_k $(k = 1, 2, \ldots, n)$ とする．各 X_k の分布を求め，分布がすべて一致することを確かめよ．

例 3.1.5. コインを 4 回投げたとき，表のでる回数を X とする．X の分布を求めよ．

(**解**) 全事象 Ω は表を T, 裏を H で表わすと，

$$\Omega = \left\{ \begin{array}{llll} \text{(HHHH),} & \text{(HHHT),} & \text{(HHTH),} & \text{(HHTT),} \\ \text{(HTHH),} & \text{(HTHT),} & \text{(HTTH),} & \text{(HTTT),} \\ \text{(THHH),} & \text{(THHT),} & \text{(THTH),} & \text{(THTT),} \\ \text{(TTHH),} & \text{(TTHT),} & \text{(TTTH),} & \text{(TTTT)} \end{array} \right\}$$

となる．$P(X = 0) = P(\{\text{TTTT}\}) = \frac{1}{16}$ のようにして求めると

X の値	0	1	2	3	4	計
確率	$\frac{1}{16}$	$\frac{4}{16}$	$\frac{6}{16}$	$\frac{4}{16}$	$\frac{1}{16}$	1

(**注**) この例の分布を **2 項分布** という．

定義 3.1.2. 確率変数 X のとる値が $0, 1, 2, \ldots, n$ で $P(X = k) = {}_nC_k p^k (1-p)^{n-k}$ $(k = 0, 1, 2, \ldots, n)$ となるとき, X の分布は **2項分布** といい $B(n, p)$ と書く.

例 3.1.6. 確率変数 X の分布が 2 項分布 $B(3, 1/2)$ という. X の分布を具体的に書き下せ.

(**解**) X のとる値は $0, 1, 2, 3$ である. 2 項分布の定義にしたがって各値をとる確率を求める.

$$P(X = 0) = {}_3C_0 \left(\frac{1}{2}\right)^0 \left(1 - \frac{1}{2}\right)^{3-0} = \frac{1}{8},$$

$$P(X = 1) = {}_3C_1 \left(\frac{1}{2}\right)^1 \left(1 - \frac{1}{2}\right)^{3-1} = \frac{3}{8},$$

$$P(X = 2) = {}_3C_2 \left(\frac{1}{2}\right)^2 \left(1 - \frac{1}{2}\right)^{3-2} = \frac{3}{8},$$

$$P(X = 3) = {}_3C_3 \left(\frac{1}{2}\right)^3 \left(1 - \frac{1}{2}\right)^{3-3} = \frac{1}{8}$$

となる. 表に整理すると

X の値	0	1	2	3	計
確率	$\frac{1}{8}$	$\frac{3}{8}$	$\frac{3}{8}$	$\frac{1}{8}$	1

問 3.1.3. 確率変数 X の分布が 2 項分布 $B(3, 1/3)$ という. X の分布を具体的に書き下せ.

問 3.1.4. コインを n 回投げたとき, 表のでる回数を X とする. X の分布を求めよ.

3.2 期待値(平均), 分散, 標準偏差

確率変数の期待値(平均)と, 確率変数の値のばらつきの程度を表わす分散について, その定義と性質を述べる. 関連して結合分布について述べる.

定義 3.2.1. 確率変数 X のとる値を $x_1, x_2, \ldots, x_n$ とし，X の分布を $P(X = x_i) = p_i\ (i = 1, 2, \ldots, n)$ とする．

$$E(X) = \sum_{i=1}^{n} x_i P(X = x_i)$$
$$= \sum_{i=1}^{n} x_i p_i$$

とおき，X の**期待値（平均）**という．

　期待値（平均）の定義は，"値×(その値の確率)" の "足し合わせ" であることを良く理解・記憶してほしい．後の章で述べる連続型の確率変数の期待値（平均）も，表面的な見かけは異なっても本質的には同じである．

例 3.2.1. 確率変数 X の分布がつぎの表で表わされているとする．X の平均 $E(X)$ を求めよ．

X の値	0	1	2	3	計
確率	$\frac{8}{27}$	$\frac{12}{27}$	$\frac{6}{27}$	$\frac{1}{27}$	1

（解） $E(X) = 0 \times 8/27 + 1 \times 12/27 + 2 \times 6/27 + 3 \times 1/27 = 1$ となる．

問 3.2.1. 確率変数 X の分布がつぎの表で表わされているとする．X の平均 $E(X)$ を求めよ．

X の値	0	1	2	3	4	5	計
確率	$\frac{1}{10}$	$\frac{2}{10}$	$\frac{2}{10}$	$\frac{2}{10}$	$\frac{1}{10}$	$\frac{2}{10}$	1

例 3.2.2. つぎの各確率変数 X の期待値 $E(X)$ を求めよ．
(1) サイコロを投げてでた目を X とする．
(2) サイコロを 2 回投げる．でた目の和を X とする．
(3) サイコロを 2 回投げる．でた目の差の絶対値を X とする．

（解） (1) X の分布は $P(X = i) = \frac{1}{6}\ (i = 1, 2, \ldots, 6)$，すなわち一様分布だから $E(X) = 1 \times \frac{1}{6} + 2 \times \frac{1}{6} + \cdots + 6 \times \frac{1}{6} = \frac{21}{6} = \frac{7}{2}$ である．
(2) X の分布は，

X の値	2	3	4	5	6	7	8	9	10	11	12	計
確率	$\frac{1}{36}$	$\frac{2}{36}$	$\frac{3}{36}$	$\frac{4}{36}$	$\frac{5}{36}$	$\frac{6}{36}$	$\frac{5}{36}$	$\frac{4}{36}$	$\frac{3}{36}$	$\frac{2}{36}$	$\frac{1}{36}$	1

だから $E(X) = 2 \times \frac{1}{36} + 3 \times \frac{2}{36} + 4 \times \frac{3}{36} + \cdots + 12 \times \frac{1}{36} = \frac{252}{36} = 7$

(3) X の分布は,

X の値	0	1	2	3	4	5	計
確率	$\frac{6}{36}$	$\frac{10}{36}$	$\frac{8}{36}$	$\frac{6}{36}$	$\frac{4}{36}$	$\frac{2}{36}$	1

だから $E(X) = 0 \times \frac{6}{36} + 1 \times \frac{10}{36} + 2 \times \frac{8}{36} + 3 \times \frac{6}{36} + 4 \times \frac{4}{36} + 5 \times \frac{2}{36} = \frac{70}{36} = \frac{35}{18}$

定理 3.2.1. (**平均 (期待値) の性質**)　X, Y を確率変数とし, a, b を定数とする.

(1) $E(aX + b) = aE(X) + b$

(2) $E(X + Y) = E(X) + E(Y)$

証明. (1) の証明. X のとる値を $x_1, x_2, \ldots, x_n$ とし, X の分布を $P(X = x_i) = p_i \, (i = 1, 2, \ldots, n)$ とする. $aX + b$ のとる値は $ax_1 + b, ax_2 + b, \ldots, ax_n + b$ である. 確率 p_i で X は値 x_i をとるから, $aX + b$ は確率 p_i で値 $ax_i + b$ をとる. 表を書くと

$aX + b$ の値	$ax_1 + b$	$ax_2 + b$	$\cdots$	$ax_n + b$	計
確率	p_1	p_2	$\cdots$	p_n	1

したがって

$$E(aX + b) = \sum_{i=1}^{n}(ax_i + b)p_i = \sum_{i=1}^{n}(ax_i p_i + b p_i)$$
$$= \sum_{i=1}^{n} ax_i p_i + \sum_{i=1}^{n} b p_i$$
$$= a \sum_{i=1}^{n} x_i p_i + b \sum_{i=1}^{n} p_i = aE(X) + b$$

(2) の証明は結合分布の議論をした後で行う.　□

命題 3.2.1. X を確率変数で, そのとる値を $x_1, x_2, \ldots, x_n$ とし, 各値 x_i をとる確率を $p_i = P(X = x_i)$ とする. f を X のとる値 $\{x_1, x_2, \ldots, x_n\}$ を含

む集合上で定義された実数値関数とする．このとき $E(f(X)) = f(x_1)p_1 + f(x_2)p_2 + \cdots + f(x_n)p_n$ である．

証明． 確率変数 $f(X)$ は確率 p_i で値 $f(x_i)$ をとる．表を書くと

$f(X)$ の値	$f(x_1)$	$f(x_2)$	$\cdots$	$f(x_n)$	計
確率	p_1	p_2	$\cdots$	p_n	1

である．したがって，期待値と定義により $E(f(X)) = f(x_1)p_1 + f(x_2)p_2 + \cdots + f(x_n)p_n$ を得る． □

2つの確率変数が与えられているとき，その結合分布とよばれるものを定義する．

定義 3.2.2. 離散型の確率変数 $X, Y : (\Omega, P) \to \mathrm{R}$ とする．X のとる値を $x_1, x_2, \ldots, x_m$ とし，Y のとる値を $y_1, y_2, \ldots, y_n$ とする．このとき，X が値 x_i をとりかつ Y が値 y_j をとる確率 $P(X = x_i, Y = y_j)$ $(i = 1, 2, \cdots, m; j = 1, 2, \ldots, n)$ を X, Y の**結合分布**という．

また，X の分布 $P(X = x_i)$ $(i = 1, 2, \ldots, m)$ および Y の分布 $P(Y = y_j)$ $(j = 1, 2, \ldots, n)$ を**周辺分布**という．

つぎの命題は，結合分布が与えられているときはそれぞれの周辺分布は"足し合わせ"によって得られることを主張している．

命題 3.2.2. 離散型の確率変数 X, Y とする．

(1) $\displaystyle\sum_{j=1}^{n} P(X = x_i, Y = y_j) = P(X = x_i)$ $(i = 1, 2, \cdots, m)$

(2) $\displaystyle\sum_{i=1}^{m} P(X = x_i, Y = y_j) = P(Y = y_j)$ $(j = 1, 2, \cdots, n)$

(3) $\displaystyle\sum_{j=1}^{n}\sum_{i=1}^{m} P(X = x_i, Y = y_j) = 1$

証明． 確率空間を (Ω, P) とし，事象 $A_i = \{\omega \in \Omega : X(\omega) = x_i\}$, $B_j = \{\omega \in \Omega : Y(\omega) = y_j\}$ とする．

(1) の証明．$\Omega = A_1 \cup \cdots \cup A_m = B_1 \cup \cdots \cup B_n$ であり，$A_i \cap A_j = \emptyset$ $(i \ne$

$j), B_i \cap B_j = \emptyset \ (i \neq j)$ であることに注意する.また, $A_i = A_i \cap \Omega = A_i \cap (B_1 \cup \cdots \cup B_n) = (A_i \cap B_1) \cup (A_i \cap B_2) \cup \cdots \cup (A_i \cap B_n)$ だから

$$P(X = x_i) = P(A_i) = P((A_i \cap B_1) \cup (A_i \cap B_2) \cup \cdots \cup (A_i \cap B_n))$$
$$= \sum_{j=1}^{n} P(A_i \cap B_j) = \sum_{j=1}^{n} P(X = x_i, Y = y_j)$$

(2) は (1) と同様に証明できる.

(3) の証明.

$$\sum_{j=1}^{n} \sum_{i=1}^{m} P(X = x_i, Y = y_j) = \sum_{j=1}^{n} \left\{ \sum_{i=1}^{m} P(X = x_i, Y = y_j) \right\}$$
$$= \sum_{j=1}^{n} P(Y = y_j) = 1$$

□

例 3.2.3. X, Y を確率変数とする.X のとる値は $1, 2, 3$ で,Y のとる値は $1, 2$ とする.X, Y の結合分布をつぎの表のとおりとする.

Y \ X	1	2	3
2	$\frac{1}{18}$	$\frac{3}{18}$	$\frac{3}{18}$
1	$\frac{4}{18}$	$\frac{2}{18}$	$\frac{5}{18}$

この表の意味は,たとえば $P(X=2, Y=1) = \frac{2}{18}$ を表わしているとしている.つぎの問いに答えよ.

(1) X の分布を求めよ.

(2) Y の分布を求めよ.

(解) (1) $P(X=1) = P(X=1, Y=1) + P(X=1, Y=2)$ だから,$P(X=1) = \frac{4}{18} + \frac{1}{18} = \frac{5}{18}$ である.同様にして $P(X=2) = \frac{2}{18} + \frac{3}{18} = \frac{5}{18}$,$P(X=3) = \frac{5}{18} + \frac{3}{18} = \frac{8}{18}$ となる.

(2) (1) と同様にして $P(Y=1) = \frac{11}{18}$,$P(Y=2) = \frac{7}{18}$ となる.

定理 3.2.1(期待値の性質)(2) を証明する.

証明．(3.2.1（期待値の性質）(2)) 確率変数 $X+Y$ は確率 $P(X=x_i, Y=y_j)$ で値 x_i+y_j $(i=1,2,\ldots,m; j=1,2,\ldots,n)$ をとるから

$$\begin{aligned}
E(X+Y) &= \sum_{j=1}^{n}\sum_{i=1}^{m}(x_i+y_j)P(X=x_i, Y=y_j) \\
&= \sum_{j=1}^{n}\sum_{i=1}^{m}(x_i P(X=x_i, Y=y_j) + y_j P(X=x_i, Y=y_j)) \\
&= \sum_{j=1}^{n}\sum_{i=1}^{m} x_i P(X=x_i, Y=y_j) + \sum_{j=1}^{n}\sum_{i=1}^{m} y_j P(X=x_i, Y=y_j) \\
&= \sum_{i=1}^{m} x_i \left(\sum_{j=1}^{n} P(X=x_i, Y=y_j)\right) + \sum_{j=1}^{n} y_j \left(\sum_{i=1}^{m} P(X=x_i, Y=y_j)\right) \\
&= \sum_{i=1}^{m} x_i P(X=x_i) + \sum_{j=1}^{n} y_j P(Y=y_j) \\
&= E(X)+E(Y)
\end{aligned}$$

を得る．等式の変形の際，命題 3.2.2 (1)(2) を使った． □

例 3.2.4. サイコロを 2 回投げる．1 回目にでた目を X とし，出た目の和を Y とする．X, Y の結合分布を求めよ．

(解) 全事象は $\Omega = \{(i,j) \mid i,j = 1,2,3,4,5,6\}$ である．

$$\begin{aligned}
P(X=i, Y=j) &= \text{``}X=i \text{ かつ } Y=j \text{ となる確率''} \\
&= \text{``事象 } \{(i,k) \in \Omega \mid i+k = j\} \text{ の確率''} = \frac{1}{36}
\end{aligned}$$

ただし $i=1,2,3,4,5,6$; $i+1 \leq j \leq i+6$ である．表で表わすと以下のようになる．

12	0	0	0	0	0	$\frac{1}{36}$
11	0	0	0	0	$\frac{1}{36}$	$\frac{1}{36}$
10	0	0	0	$\frac{1}{36}$	$\frac{1}{36}$	$\frac{1}{36}$
9	0	0	$\frac{1}{36}$	$\frac{1}{36}$	$\frac{1}{36}$	$\frac{1}{36}$
8	0	$\frac{1}{36}$	$\frac{1}{36}$	$\frac{1}{36}$	$\frac{1}{36}$	$\frac{1}{36}$
7	$\frac{1}{36}$	$\frac{1}{36}$	$\frac{1}{36}$	$\frac{1}{36}$	$\frac{1}{36}$	$\frac{1}{36}$
6	$\frac{1}{36}$	$\frac{1}{36}$	$\frac{1}{36}$	$\frac{1}{36}$	$\frac{1}{36}$	0
5	$\frac{1}{36}$	$\frac{1}{36}$	$\frac{1}{36}$	$\frac{1}{36}$	0	0
4	$\frac{1}{36}$	$\frac{1}{36}$	$\frac{1}{36}$	0	0	0
3	$\frac{1}{36}$	$\frac{1}{36}$	0	0	0	0
2	$\frac{1}{36}$	0	0	0	0	0
Y \ X	1	2	3	4	5	6

例 3.2.5. X, Y を確率変数とする.X のとる値は $-1, 0, 1$ で,Y のとる値は $-1, 1$ とする.確率変数 X, Y の結合分布がつぎの表で与えられている.

1	$\frac{1}{18}$	$\frac{5}{18}$	$\frac{3}{18}$
-1	$\frac{3}{18}$	$\frac{1}{18}$	$\frac{5}{18}$
Y \ X	-1	0	1

つぎの問いに答えよ.
(1) X の分布を求め,X の期待値 $E(X)$ を求めよ.
(2) Y の分布を求め,X の期待値 $E(Y)$ を求めよ.
(3) XY の期待値 $E(XY)$ を求めよ.

(解) (1) X の分布は $P(X=-1) = \frac{4}{18}, P(X=0) = \frac{6}{18}, P(X=1) = \frac{8}{18}$ である.期待値は $E(X) = \frac{4}{18}$ である.
(2) Y の分布は $P(Y=-1) = \frac{1}{2}, P(Y=1) = \frac{1}{2}$ である.期待値は $E(Y) = 0$ である.

(3) 結合分布が与えられているのでそれを使うと，

$$E(XY) = (-1) \times (-1) \times \frac{3}{18} + (-1) \times 1 \times \frac{1}{18} + 0 \times (-1) \times \frac{1}{18}$$
$$+ 0 \times 1 \times \frac{5}{18} + 1 \times (-1) \times \frac{5}{18} + 1 \times 1 \times \frac{3}{18}$$
$$= 0$$

問 3.2.2. X, Y を確率変数とする．X のとる値は $0, 1, 2$ で，Y のとる値は $-1, 0, 1$ とする．確率変数 X, Y の結合分布がつぎの表で与えられている．

Y \ X	0	1	2
1	$\frac{3}{18}$	$\frac{2}{18}$	$\frac{1}{18}$
0	$\frac{2}{18}$	$\frac{2}{18}$	$\frac{2}{18}$
-1	$\frac{1}{18}$	$\frac{2}{18}$	$\frac{3}{18}$

つぎの問いに答えよ．
(1) X の分布を求め，X の期待値 $E(X)$ を求めよ．
(2) Y の分布を求め，X の期待値 $E(Y)$ を求めよ．
(3) XY の期待値 $E(XY)$ を求めよ．

定義 3.2.3. 確率変数 X とする．確率変数 X からできる新しい確率変数 $(X - E(X))^2$ をもちいて，$V(X) = E\left((X - E(X))^2\right)$ とおき X の **分散** という．$\sigma(X) = \sqrt{V(X)}$ とおき X の **標準偏差** という．

分散 $V(X)$ は直観的には，X のばらつきの程度を表わす量である．

命題 3.2.3. $V(X) \geq 0$ であり，$V(X) = 0 \iff X \equiv$ 一定

証明. $(X - E(X))^2 \geq 0$ だから $V(X) = E((X - E(X))^2) \geq 0$ である．$X = a$ (一定) とする．$E(X) = a$ だから $X - E(X) = 0$ となり $V(X) = E((X - E(X))^2) = 0$ である．逆に $V(X) = 0$ とすると，$E((X - E(X))^2) = 0$ より $(X - E(X))^2 = 0$ (一定) となり $X = E(X)$ を得る． □

命題 3.2.4. 確率変数 X とする．$V(X) = E(X^2) - E(X)^2$

証明.
$$V(X) = E\left((X - E(X))^2\right)$$
$$= E\left(X^2 - 2E(X)X + E(X)^2\right)$$
$$= E(X^2) - 2E(X)E(X) + E(X)^2$$
$$= E(X^2) - E(X)^2$$

□

(別証) X の分布を $p_i = P(X = x_i)$ $(i = 1, 2, \ldots, n)$, $\mu = E(X)$ とおく.
$$E((X - E(X))^2) = \sum_{i=1}^n (x_i - \mu)^2 p_i$$
$$= \sum_{i=1}^n (x_i^2 - 2x_i\mu + \mu^2) p_i$$
$$= \sum_{i=1}^n x_i^2 p_i - 2\mu \sum_{i=1}^n x_i p_i + \mu^2 \sum_{i=1}^n p_i$$
$$= E(X^2) - 2\mu^2 + \mu^2$$
$$= E(X^2) - \mu^2$$

例 3.2.6. 確率変数 X の分布がつぎの表で表わされているとする. X の平均 $E(X)$ と分散 $V(X)$, 標準偏差 $\sigma(X)$ を求めよ.

X の値	0	1	2	3	4	5	計
確率	$\frac{2}{10}$	$\frac{1}{10}$	$\frac{1}{10}$	$\frac{3}{10}$	$\frac{2}{10}$	$\frac{1}{10}$	1

(解) $E(X) = 0 \times 2/10 + 1 \times 1/10 + 2 \times 1/10 + 3 \times 3/10 + 4 \times 2/10 + 5 \times 1/10 = 5/2$ である. $E(X^2) = 0^2 \times 2/10 + 1^2 \times 1/10 + 2^2 \times 1/10 + 3^2 \times 3/10 + 4^2 \times 2/10 + 5^2 \times 1/10 = 89/10$ であるから $V(X) = E(X^2) - E(X)^2 = 89/10 - 25/4 = 53/20$ となる. $\sigma(X) = \sqrt{53/20} = 1.63$ である.

問 3.2.3. 確率変数 X の分布がつぎの表で表わされているとする. X の平均 $E(X)$ と分散 $V(X)$, 標準偏差 $\sigma(X)$ を求めよ.

X の値	-2	-1	0	1	2	計
確率	$\frac{1}{10}$	$\frac{2}{10}$	$\frac{3}{10}$	$\frac{3}{10}$	$\frac{1}{10}$	1

例 3.2.7. 確率変数 X の分布が $P(X=0) = 1-p$, $P(X=1) = p$ とする．ただし，$0 \leq p \leq 1$ とする．次の問いに答えよ．

(1) X の分散 $V(X)$ を求めよ．

(2) $V(X)$ の最大値を求めよ．

(解) (1) $E(X) = 0 \times (1-p) + 1 \times p = p$,
$V(X) = E(X^2) - E(X)^2 = \{0^2 \times (1-p) + 1^2 \times p\} - p^2 = p - p^2 = p(1-p)$

(2) $V(X) = p(1-p) = -(p - \frac{1}{2})^2 + \frac{1}{4}$ だから，$p = \frac{1}{2}$ のとき最大値 $\frac{1}{4}$ をとり，$p = 0, 1$ のとき最小値 0 をとる．

例 3.2.8. サイコロを投げて，でた目を X とする．分散 $V(X)$ を求めよ．

(解) X の分布は一様分布 $P(X=i) = \frac{1}{6}$ $(i = 1, 2 \ldots, 6)$ である．$E(X) = \frac{7}{2}$
$$E(X^2) = 0^2 \times \frac{1}{6} + 1^2 \times \frac{1}{6} + 2^2 \times \frac{1}{6} + 3^2 \times \frac{1}{6} + 4^2 \times \frac{1}{6} + 5^2 \times \frac{1}{6} + 6^2 \times \frac{1}{6}$$
$$= \frac{1}{6} \times (0 + 1 + 4 + 9 + 16 + 25 + 36)$$
$$= \frac{91}{6}$$
したがって，$V(X) = E(X^2) - E(X)^2 = \frac{91}{6} - (\frac{7}{2})^2 = \frac{35}{12}$

定理 3.2.2. (**分散の性質**) X を確率変数，a, b を定数とする．このとき $V(aX + b) = a^2 V(X)$

証明．

$$V(aX+b) = E\left(((aX+b) - E(aX+b))^2\right)$$
$$= E\left(((aX+b) - (aE(X)+b))^2\right)$$
$$= E\left(a^2 (X - E(X))^2\right)$$
$$= a^2 E\left((X - E(X))^2\right)$$
$$= a^2 V(X)$$

となり，$V(aX+b) = a^2 V(X)$ を得る． $\square$

定義 3.2.4. 2つの確率変数 X, Y とする．X のとる値を $x_1, x_2, \ldots, x_m$ とし，Y のとる値を $y_1, y_2, \ldots, y_n$ とする．
$P(X = x_i, Y = y_j) = P(X = x_i)P(Y = y_j)$ $(i = 1, 2, \ldots, m; j = 1, 2, \ldots, n)$ となるとき，X と Y は**独立**であるという．

(注) 確率変数 X, Y が独立のときは，X と Y の結合分布はそれぞれの分布の "積" となる．

(注) 3個以上の確率変数の独立性の定義も同様である．

定義 3.2.5. (1) 3個の確率変数 X, Y, Z とする．X のとる値を $x_1, x_2, \ldots, x_l$，Y のとる値を $y_1, y_2, \ldots, y_m$，Z のとる値を $z_1, z_2, \ldots, z_n$ とする．$P(X = x_i, Y = y_j, Z = z_k) = P(X = x_i)P(Y = y_j)P(Z = z_k)$ $(1 \leq i \leq l; 1 \leq j \leq m; 1 \leq k \leq n)$ が成り立つとき，X, Y, Z は**独立**であるという．

(2) 一般に，n 個の確率変数 $X_1, X_2, \ldots, X_n$ とする．
$P(X_1 = x_{i_1}, X_2 = x_{i_2}, \ldots, X_n = x_{i_n}) = P(X_1 = x_{i_1})P(X_2 = x_{i_2}) \cdots P(X_n = x_{i_n})$ となるとき，$X_1, X_2, \ldots, X_n$ は**独立**であるという．

(3) 無限個の確率変数 $X_1, X_2, \ldots, X_n, \ldots$ とする．任意の m $(m = 2, 3, \ldots)$ に対して，$X_1, X_2, \ldots, X_m$ が独立のとき，$X_1, X_2, \ldots, X_n, \ldots$ は**独立**であるという．

(注) 3個の確率変数 X, Y, Z が独立ならば，それらの2個の組み合わせからなる確率変数は独立である．すなわち X, Y は独立，X, Z は独立，Y, Z は独立である．

たとえば，X と Y が独立であることはつぎのようにして示せる．最初の等号は Z に関する条件がはいっていないということは Z はどんな値もとって

いいことからでてくる.

$$P(X = x_i, Y = y_j) = P(X = x_i, Y = y_j, z_k \in \{z_1, z_2, \ldots, z_n\})$$
$$= \sum_{k=1}^{n} P(X = x_i, Y = y_j, Z = z_k)$$
$$= \sum_{k=1}^{n} P(X = x_i)P(Y = y_j)P(Z = z_k)$$
$$= \left\{\sum_{k=1}^{n} P(Z = x_k)\right\} P(X = x_i)P(Y = y_j)$$
$$= P(X = x_i)P(Y = y_j)$$

となるから X と Y とは独立である.

命題 3.2.5. 確率変数 X, Y が独立とする. このとき

(1) $E(XY) = E(X)E(Y)$

(2) $V(X + Y) = V(X) + V(Y)$

確率変数 X, Y が独立とする. このとき

(3) $E(XYZ) = E(X)E(Y)E(Z)$

(4) $V(X + Y + Z) = V(X) + V(Y) + V(Z)$

一般に, 確率変数 $X_1, X_2, \ldots, X_n$ を独立とする. このとき

(5) $E(X_1 X_2 \ldots X_n) = E(X_1)E(X_2)\cdots E(X_n)$

(6) $V(X_1 + X_2 + \ldots X_n) = V(X_1) + V(X_2) + \cdots + V(X_n)$ である.

証明. (1)X のとる値を $x_1, x_2, \ldots, x_m$ とし, Y のとる値を $y_1, y_2, \ldots, y_n$ と

する．確率変数 XY は確率 $P(X = x_i, Y = y_j)$ で値 $x_i y_j$ をとるから

$$\begin{aligned}
E(XY) &= \sum_{i=1}^{m} \sum_{i=1}^{n} x_i y_j P(X = x_i, Y = y_j) \\
&= \sum_{i=1}^{m} \sum_{i=1}^{n} x_i y_j P(X = x_i) P(Y = y_j) \\
&= \left(\sum_{i=1}^{m} x_i P(X = x_i) \right) \left(\sum_{j=1}^{n} y_j P(Y = y_j) \right) \\
&= E(X)E(Y)
\end{aligned}$$

(2)
$$\begin{aligned}
V(X+Y) &= E((X+Y)^2) - E(X+Y)^2 \\
&= E(X^2 + Y^2 + 2XY) - (E(X) + E(Y))^2 \\
&= \{E(X^2) + E(Y^2) + 2E(XY)\} \\
&\quad - \{E(X)^2 + E(Y)^2 + 2E(X)E(Y)\} \\
&= \{E(X^2) + E(Y^2) + 2E(X)E(Y)\} \\
&\quad - \{E(X)^2 + E(Y)^2 + 2E(X)E(Y)\} \\
&= \{E(X^2) - E(X)^2\} + \{E(Y^2) - E(Y)^2\} \\
&= V(X) + V(Y)
\end{aligned}$$

(3) X のとる値を $x_1, x_2, \ldots, x_m$, Y のとる値を $y_1, y_2, \ldots, y_n$, Z のとる値を $z_1, z_2, \ldots, z_q$ とする．

$$\begin{aligned}
E(XYZ) &= \sum_{i=1}^{m} \sum_{j=1}^{n} \sum_{k=1}^{q} x_i y_j z_k P(X = x_i, Y = y_j, Z = z_k) \\
&= \sum_{i=1}^{m} \sum_{j=1}^{n} \sum_{k=1}^{q} x_i y_j z_k P(X = x_i) P(Y = y_j) P(Z = z_k) \\
&= \left(\sum_{i=1}^{m} x_i P(X = x_i) \right) \left(\sum_{j=1}^{n} y_j P(Y = y_j) \right) \left(\sum_{k=1}^{q} z_k P(Z = z_k) \right) \\
&= E(X)E(Y)E(Z)
\end{aligned}$$

となり，$E(XYZ) = E(X)E(Y)E(Z)$ である．

(4) 3個の確率変数 X, Y, Z が独立ならば，X, Y が独立，X, Z が独立，Y, Z が独立であることに注意する．すると，(1) より $E(XY) = E(X)E(Y), E(XZ) = E(X)E(Z), E(YZ) = E(Y)E(Z)$ となる．したがって，

$$\begin{aligned}
V(X+Y+Z) &= E((X+Y+Z)^2) - E(X+Y+Z)^2 \\
&= E(X^2 + Y^2 + Z^2 + 2XY + 2XZ + 2YZ) - (E(X) + E(Y) + E(Z))^2 \\
&= \left(E(X^2) + E(Y^2) + E(Z^2) + 2E(XY) + 2E(XZ) + 2E(YZ)\right) \\
&\quad - \left\{E(X)^2 + E(Y)^2 + E(Z)^2 + 2E(X)E(Y) + 2E(X)E(Z) + 2E(Y)E(Z)\right\} \\
&= \left(E(X^2) - E(X)^2\right) + \left(E(Y^2) - E(Y)^2\right) + \left(E(Z^2) - E(Z)^2\right) \\
&= V(X) + V(Y) + V(Z)
\end{aligned}$$

を得る．(5) および (6) も同様にして示せる． □

この命題の (1) はつぎのように一般化される．

命題 3.2.6. 確率変数 X, Y が独立とする．X のとる値をふくむ集合上で定義された関数を f とし，Y のとる値をふくむ集合上で定義された関数を g とする．このとき，$E(f(X)g(Y)) = E(f(X))E(g(Y))$ である．

証明． X のとる値を $x_1, x_2, \ldots, x_m$ とし，Y のとる値を $y_1, y_2, \ldots, y_n$ とする．確率変数 $f(X)g(Y)$ は確率 $P(X = x_i, Y = y_j)$ で値 $f(x_i)g(y_j)$ をとるから

$$\begin{aligned}
E(f(X)g(Y)) &= \sum_{j=1}^{n} \sum_{i=1}^{m} f(x_i)g(y_j) P(X = x_i, Y = y_j) \\
&= \sum_{j=1}^{n} \sum_{i=1}^{m} f(x_i)g(y_j) P(X = x_i) P(Y = y_j) \\
&= \left(\sum_{i=1}^{m} f(x_i) P(X = x_i)\right) \left(\sum_{j=1}^{n} g(y_j) P(Y = y_j)\right) \\
&= E(f(X))E(g(Y))
\end{aligned}$$

□

例 3.2.9. サイコロを 2 回投げて, 1 回目にでた目を X_1 とし 2 回目にでた目を X_2 とする. 次の問いに答えよ.
(1) X_1 の分布と X_2 の分布とを求めよ.
(2) X_1 と X_2 とが独立であることを確かめよ.
(3) $X = X_1 + X_2$ とおくとき, X の平均 $E(X)$ と分散 $V(X)$ を求めよ.

(**解**) (1) $\Omega = \{(i,j) : 1 \leq i \leq 6, 1 \leq j \leq 6\}$ であり, 各根元事象の確率は $1/36$ である. X_1 の取る値は, $1, 2, 3, 4, 5, 6$ である.

$P(X_1 = i) = $ "$X_1 = i$ となる事象の確率"
$\qquad = P(\{(i,1),(i,2),(i,3),(i,4),(i,5),(i,6)\}) = 6/36 = 1/6$

このようにして, $P(X_1 = i) = 1/6 \quad (i = 1, 2, 3, 4, 5, 6)$ となる.

同様にして, $P(X_2 = i) = 1/6 \quad (i = 1, 2, 3, 4, 5, 6)$ を得る. これはサイコロを 1 回なげたときにでた目の数の分布と同じである.
(2) X_1 と X_2 の結合分布を求める. $P(X_1 = i, X_2 = j) = P(\{(i,j)\}) = 1/36$ である. $P(X_1 = i, X_2 = j) = 1/36 = P(X_1 = i)P(X_2 = j)$ だから, X_1 と X_2 とは独立である. したがって, X_1 と X_2 とは独立で同じ分布をもつ.
(3) $E(X_1) = E(X_2) = 7/2$ で $V(X_1) = V(X_2) = 35/12$ であることに注意する.
$E(X) = E(X_1 + X_2) = E(X_1) + E(X_2) = 7$, $V(X) = V(X_1 + X_2) = V(X_1) + V(X_2) = 35/6$ である.

問 3.2.4. サイコロを n 回投げて, 1 回目にでた目を X_1, 2 回目にでた目を X_2, 一般に k 回目にでた目を X_k とする. 次の問いに答えよ.
(1) 確率変数 $X_1, X_2, \ldots, X_n$ は独立で同じ分布をもつことを示せ.
(2) $Z = X_1 + X_2 + \cdots + X_n$ とおく. Z の平均 $E(Z)$, 分散 $V(Z)$, 標準偏差 $\sigma(Z)$ を求めよ.

定義 3.2.6. 2 つの確率変数 X, Y に対して, $C(X, Y) = E((X - E(X))(Y - E(Y)))$ とおき, X と Y の**共分散**という.

共分散は相互の関係を表わす. 共分散 $C(X, Y)$ が 0 だということは, X と Y との間には "関連がない" ことを意味する.

命題 3.2.7. 確率変数 X, Y とする．$C(X, Y) = E(XY) - E(X)E(Y)$ である．

証明.

$$\begin{aligned} C(X, Y) &= E\left((X - E(X))(Y - E(Y))\right) \\ &= E(XY - E(X)Y - E(Y)X + E(X)E(Y)) \\ &= E(XY) - E(X)E(Y) - E(Y)E(X) + E(X)E(Y) \\ &= E(XY) - E(X)E(Y) \end{aligned}$$

となり示せた． □

例 3.2.10. X, Y を確率変数とする．X のとる値は $0, 1, 2$ で，Y のとる値は $1, 2$ とする．確率変数 X, Y の結合分布がつぎの表で与えられている．

Y \ X	0	1	2
2	$\frac{2}{12}$	$\frac{2}{12}$	$\frac{1}{12}$
1	$\frac{1}{12}$	$\frac{2}{12}$	$\frac{4}{12}$

X と Y の共分散 $C(X, Y)$ を求めよ．

(解) (1) X の分布を求める．$P(X = 0) = 1/12 + 2/12 = 3/12$, $P(X = 1) = 2/12 + 2/12 = 4/12$, $P(X = 2) = 1/12 + 4/12 = 5/12$ である．したがって，$E(X) = 0 \cdot 3/12 + 1 \cdot 4/12 + 2 \cdot 5/12 = 14/12 = 7/6$ である．

(2) Y の分布を求める．$P(Y = 1) = 1/12 + 2/12 + 4/12 = 7/12$, $P(Y = 2) = 2/12 + 2/12 + 1/12 = 5/12$ である．したがって，$E(Y) = 1 \cdot 7/12 + 2 \cdot 5/12 = 17/12$ である．

(3) $E(XY)$ を求める．

$$\begin{aligned} E(XY) = &\ 0 \cdot 1 \cdot 1/12 + 0 \cdot 2 \cdot 2/12 \\ &+ 1 \cdot 1 \cdot 2/12 + 1 \cdot 2 \cdot 2/12 + + 2 \cdot 1 \cdot 4/12 + 2 \cdot 2 \cdot 1/12 = 3/2 \end{aligned}$$

したがって $E(XY) = 3/2$ である．

(4) $C(X, Y) = E(XY) - E(X)E(Y) = 3/2 - 7/6 \times 17/12 = -11/72$ である．

問 **3.2.5.** X, Y を確率変数とする．X のとる値は $0, 1, 2$ で，Y のとる値は $1, 2, 3$ とする．確率変数 X, Y の結合分布がつぎの表で与えられている．

Y \ X	0	1	2
3	$\frac{4}{18}$	$\frac{3}{18}$	$\frac{1}{18}$
2	$\frac{1}{18}$	$\frac{2}{18}$	$\frac{1}{18}$
1	$\frac{2}{18}$	$\frac{1}{18}$	$\frac{3}{18}$

X と Y の共分散 $C(X, Y)$ を求めよ．

命題 3.2.8. 確率変数 X, Y, Z とし，a, b を定数とする．
(1) $C(X, X) = V(X) \geq 0$
   また，$C(X, X) = 0 \iff X = $ 一定
(2) $C(X + Y, Z) = C(X, Y) + C(X, Z)$
   $C(X, Y + Z) = C(X, Y) + C(X, Z)$
(3) $C(aX + b, Y) = aC(X, Y)$
   $C(X, aY + b) = aC(X, Y)$
(4) $C(X, Y) = C(Y, X)$

証明． (1)．$C(X, X) = E((X - E(X))(X - E(X))) = E((X - E(X))^2) = V(X)$ である．後半は命題 3.2.3 ですでに示している．(2) の証明．

$$\begin{aligned}
C(X + Y, Z) &= E((X + Y)Z) - E(X + Y)E(Z) \\
&= E(XZ) + E(YZ) - E(X)E(Z) - E(Y)E(Z) \\
&= \{E(XZ) - E(X)E(Z)\} + \{E(YZ) - E(Y)E(Z)\} \\
&= C(X, Z) + C(Y, Z)
\end{aligned}$$

(3) の証明.

$$\begin{aligned}
C(aX+b, Y) &= E((aX+b)Y) - E(aX+b)E(Y) \\
&= E(aXY + bY) - (aE(X)+b)E(Y) \\
&= aE(XY) + bE(Y) - aE(X)E(Y) - bE(Y) \\
&= a(E(XY) - E(X)E(Y)) \\
&= aC(X,Y)
\end{aligned}$$

□

定義 3.2.7. 確率変数 X, Y が $C(X,Y) = 0$ となるとき，X と Y は**相関がない**という．

● X と Y が独立ならば，X と Y は相関がない．
実際，$C(X,Y) = E(XY) - E(X)E(Y) = 0$ となる．

(注) X と Y は相関がないからといって，必ずしも X と Y は独立とはかぎらない．

(反例) 47 ページの例 3.2.5 において，$E(XY) = E(X)E(Y) = 0$ だから $C(X,Y) = 0$ である．ゆえに，X と Y は相関がない．一方，$P(X=-1, Y=-1) = \frac{3}{18}$ であるにもかかわらず $P(X=-1)P(Y=-1) = \frac{4}{18} \times \frac{1}{2} = \frac{1}{9}$ だから X と Y は独立ではない．

命題 3.2.9. 確率変数 $X_1, X_2, \ldots, X_n$ が互いに相関がない，すなわち $C(X_i, X_j) = 0$ ($i \neq j$ のとき)，とする．このとき $V\left(\sum_{i=1}^{n} X_i\right) = \sum_{i=1}^{n} V(X_i)$ である．

証明． 式の変形において，命題 3.2.8 の (2) を使う．

$$\begin{aligned}
V\left(\sum_{i=1}^{n} X_i\right) &= C\left(\sum_{i=1}^{n} X_i, \sum_{j=1}^{n} X_j\right) = \sum_{i=1}^{n}\sum_{j=1}^{n} C(X_i, X_j) \\
&= \sum_{i=1}^{n} C(X_i, X_i) = \sum_{i=1}^{n} V(X_i)
\end{aligned}$$

となる．

□

命題 3.2.10. 確率変数 X, Y とする．このとき，つぎの不等式が成り立つ．
$$|C(X,Y)| \leq \sigma(X)\sigma(Y)$$
さらに，$|C(X,Y)| = \sigma(X)\sigma(Y) \iff Y = aX + b$ または $X = aY + b$，ただし，a, b は定数である．

証明．(1) 任意の実数 t に対して，命題 3.2.8 の (1) より $C(tX+Y, tX+Y) \geq 0$ である．

$$\begin{aligned} 0 \leq C(tX+Y, tX+Y) &= C(X,X)t^2 + tC(X,Y) + tC(Y,X) + C(Y,Y) \\ &= C(X,X)t^2 + 2C(X,Y)t + C(Y,Y) \\ &= \sigma(X)^2 t^2 + 2C(X,Y)t + \sigma(Y)^2 \end{aligned}$$

したがって，この不等式を t に関する 2 次関数についての不等式とみなすことより，最小値が 0 以上（判別式が 0 以下）より

$$C(X,Y)^2 - \sigma(X)^2 \sigma(Y)^2 \leq 0$$

を得る．ゆえに，$|C(X,Y)| \leq \sigma(X)\sigma(Y)$ となる．

(2) ($\Longleftarrow$) を示す．$Y = aX + b$ とする．証明では，$\sigma(Y) = \sigma(aX) = |a|\sigma(X)$ となること，および命題 3.2.8 の (3) を使う．

$$|C(X,Y)| = |C(X, aX+b)| = |aC(X,X)| = |a|\sigma(X)\sigma(X) = \sigma(X)\sigma(Y)$$

を得る．

($\Longrightarrow$) を示す．$C(X,Y) = \sigma(X)\sigma(Y)$ と仮定する．

$$\begin{aligned} V(\sigma(Y)X - \sigma(X)Y) &= C(\sigma(Y)X - \sigma(X)Y, \sigma(Y)X - \sigma(X)Y) \\ &= \sigma(Y)\sigma(Y)C(X,X) + \sigma(X)\sigma(X)C(Y,Y) - \sigma(Y)\sigma(X)C(X,Y) \\ &\quad - \sigma(X)\sigma(Y)C(Y,X) \\ &= 2\sigma(X)^2\sigma(Y)^2 - 2\sigma(X)\sigma(Y)C(X,Y) \\ &= 2\sigma(X)^2\sigma(Y)^2 - 2\sigma(X)^2\sigma(Y)^2 = 0 \end{aligned}$$

となる．ゆえに，$V(\sigma(Y)X - \sigma(X)Y) = 0$ である．命題 3.2.3 より $\sigma(Y)X - \sigma(X)Y \equiv c$ となる．したがって，$Y = \dfrac{\sigma(Y)}{\sigma(X)}X - \dfrac{c}{\sigma(X)}$ または $X = \dfrac{\sigma(X)}{\sigma(Y)}Y + \dfrac{c}{\sigma(Y)}$ を得る．

$C(X,Y) = -\sigma(X)\sigma(Y)$ の場合も同様にして示せる． □

確率変数 X と Y との相関の程度をあらわす共分散 $C(X,Y)$ を，正規化することにより他の場合と比較可能な形にする．それが，つぎの相関係数である．

定義 3.2.8. 確率変数 X, Y に対して $\varrho = \dfrac{C(X,Y)}{\sigma(X)\sigma(Y)}$ とおき，X と Y の**相関係数**という．

命題 3.2.11. ϱ を X と Y の相関係数とする．このとき
(1) $-1 \leq \varrho \leq 1$
(2) $\varrho = 1 \Longleftrightarrow Y = aX + b, \quad a > 0$
(3) $\varrho = -1 \Longleftrightarrow Y = aX + b, \quad a < 0$

証明． (1) $-\sigma(X)\sigma(Y) \leq C(X,Y) \leq \sigma(X)\sigma(Y)$ よりでる．
(2) の証明．($\Longleftarrow$) を示す．$Y = aX + b$ で $a > 0$ とする．命題 3.2.8 の (3) より $C(X,Y) = C(X, aX + b) = aC(X,X) = a\sigma(X)^2$ である．また，$\sigma(Y) = \sigma(aX) = a\sigma(X)$ である．したがって

$$\rho = \frac{C(X,Y)}{\sigma(X)\sigma(Y)} = \frac{a\sigma(X)^2}{\sigma(X)a\sigma(X)} = 1$$

となる．($\Longrightarrow$) を示す．$\varrho = 1$ とする．すると，$1 = \varrho = \frac{C(X,Y)}{\sigma(X)\sigma(Y)}$ となるから，$C(X,Y) = \sigma(X)\sigma(Y)$ となる．命題 3.2.10 の証明より $Y = aX + b$ となる． □

定義 3.2.9. 相関係数 ϱ が正，$\varrho > 0$ のとき，**正の相関**があるという．また相関係数 ϱ が負，$\varrho < 0$ のとき，**負の相関**があるという．相関係数 ϱ が 0，$\varrho = 0$ のとき，**相関がない**という．

例 3.2.11. X, Y を確率変数とする．X のとる値は $0, 1, 2$ で，Y のとる値は $1, 2$ とする．確率変数 X, Y の結合分布がつぎの表で与えられている．

2	$\frac{2}{12}$	$\frac{2}{12}$	$\frac{1}{12}$
1	$\frac{1}{12}$	$\frac{2}{12}$	$\frac{4}{12}$
Y \ X	0	1	2

相関係数 ϱ を求めよ．

(解) 例 3.2.10 と同じ例であるから，すでに $C(X, Y) = -11/72$ は求めている．X の標準偏差は $\sigma(X) = \sqrt{E(X^2) - E(X)^2} = \sqrt{2 - \dfrac{49}{36}} = \dfrac{\sqrt{23}}{6}$ である．Y の標準偏差は $\sigma(Y) = \sqrt{E(Y^2) - E(Y)^2} = \sqrt{\dfrac{27}{12} - \left(\dfrac{17}{12}\right)^2} = \sqrt{35}/12$ である．したがって，相関係数は $\varrho = \dfrac{C(X, Y)}{\sigma(X)\sigma(Y)} = -\dfrac{11\sqrt{23}\sqrt{35}}{23 \times 35} = -0.388$ である．

問 3.2.6. X, Y を確率変数とする．X のとる値は $0, 1, 2$ で，Y のとる値は $1, 2, 3$ とする．確率変数 X, Y の結合分布がつぎの表で与えられている．

3	$\frac{4}{18}$	$\frac{3}{18}$	$\frac{1}{18}$
2	$\frac{1}{18}$	$\frac{2}{18}$	$\frac{1}{18}$
1	$\frac{2}{18}$	$\frac{1}{18}$	$\frac{3}{18}$
Y \ X	0	1	2

X と Y の相関係数 ϱ を求めよ．

3.3 いろいろな分布

確率変数 X が値 $0, 1$ をとり，分布が $P(X = 0) = 1 - p, P(X = 1) = p$ ただし，$0 < p < 1$ となるとき，X の分布は**ベルヌーイ分布** $B(1, p)$ である，またはベルヌーイ分布 $B(1, p)$ にしたがうという．

例 3.3.1. 確率変数 X の分布はベルヌーイ分布 $B(1, p)$ とする．期待値 $E(X)$，分散 $V(X)$ を求めよ．

(**解**) 期待値 $E(X) = 0 \times (1-p) + 1 \times p = p$ である．また，分散 $V(X) = E(X^2) - E(X)^2 = \{0^2 \times (1-p) + 1^2 \times p\} - p^2 = p - p^2 = p(1-p)$ である．

例 3.3.2. n 個の確率変数 $X_1, X_2, \ldots, X_n$ は独立で，同一の分布である 2 項分布 $B(1, p)$ にしたがうとする．このとき，和 $X = X_1 + X_2 + \ldots + X_n$ はどのような分布になるかを考えよ．

(**解**) X のとる値は $0, 1, 2, \ldots, n$ である．$P(X = k)$ $(k = 1, 2, \ldots, n)$ を求める．

$$P(X = 0) = P(X_1 = 0, X_2 = 0, \ldots, X_n = 0)$$
$$= P(X_1 = 0)P(X_2 = 0) \cdots P(X_n = 0)$$
$$= (1-p)^n$$

$X = 1$ となるのは $X_1, X_2, \ldots, X_n$ のうち，1 個のみ値 1 をとり，のこりの $n - 1$ 個は値 0 をとる場合だから，

$$P(X = 1) = P(X_1 = 1, X_2 = 0, \ldots, X_n = 0) + P(X_1 = 0, X_2 = 1, \ldots, X_n = 0)$$
$$+ \cdots + P(X_1 = 0, X_2 = 0, \ldots, X_n = n)$$
$$= p(1-p)^{n-1} + \cdots + p(1-p)^{n-1}$$
$$= np(1-p)^{n-1}$$

同様にして $P(X = k)$ を求める．$X = k$ となるのは $X_1, X_2, \ldots, X_n$ のうち，k 個が値 1 をとり残りの $n - k$ が値 0 をとる場合である．場合の個数としては，$X_1, X_2, \ldots, X_n$ の中から値 1 をとるものを選びだす個数，すなわち $1, 2, \ldots, n$ から k 個を選び出す個数 $_nC_k$ に等しい．各場合ごとの確率は $p^k(1-p)^{n-k}$ である．たとえば，最初の k 個，$X_1, X_2, \ldots, X_k$ が値 1 をとり，その後の $n - k$ 個，$X_{k+1}, \ldots, X_n$ が値 0 をとる確率 $P(X_1 = 1, X_2 = 1, \ldots, X_k = 1, X_{k+1} = 0, \ldots, X_n = 0)$ は $X_1, X_2, \ldots, X_n$ が独立だから

$$P(X_1 = 1, X_2 = 1, \ldots, X_k = 1, X_{k+1} = 0, \ldots, X_n = 0)$$
$$= P(X_1 = 1)P(X_2 = 1) \cdots P(X_k = 1)P(X_{k+1} = 0) \cdots P(X_n = 0)$$
$$= p^k(1-p)^{n-k}$$

となる．したがって，$P(X=k) = {}_nC_k p^k (1-p)^{n-k}$ を得る．

定義 3.3.1. 確率変数 X のとる値が $0,1,2,\ldots,n$ で $P(X=k) = {}_nC_k p^k(1-p)^{n-k}$ $(k=0,1,2,\ldots,n)$ となるとき，X の分布は **2 項分布** といい $B(n,p)$ と書く．

(注) 例 3.3.2 により，n 個の確率変数 $X_1, X_2, \ldots, X_n$ は独立で，同一の分布である 2 項分布 $B(1,p)$ にしたがうとする．このとき，和 $X = X_1 + X_2 + \cdots + X_n$ は 2 項分布 $B(n,p)$ にしたがう．

例 3.3.3. 確率変数 X の分布が 2 項分布 $B(4, 1/2)$ であるという．X の分布を書き下し，$E(X), V(X)$ を求めよ．

(解) $n=4, p=1/2$ で X のとる値は $0,1,2,3,4$ である．

$$P(X=0) = {}_4C_0 (1/2)^0 (1-1/2)^{4-0} = 1/16$$
$$P(X=1) = {}_4C_1 (1/2)^1 (1-1/2)^{4-1} = 4/16$$
$$P(X=2) = {}_4C_2 (1/2)^2 (1-1/2)^{4-2} = 6/16$$
$$P(X=3) = {}_4C_3 (1/2)^3 (1-1/2)^{4-3} = 4/16$$
$$P(X=4) = {}_4C_4 (1/2)^4 (1-1/2)^{4-4} = 1/16$$

表にすると

X の値	0	1	2	3	4	計
確率	$\frac{1}{16}$	$\frac{4}{16}$	$\frac{6}{16}$	$\frac{4}{16}$	$\frac{1}{16}$	1

$E(X) = 0 \cdot \frac{1}{16} + 1 \cdot \frac{4}{16} + 2 \cdot \frac{6}{16} + 3 \cdot \frac{4}{16} + 4 \cdot \frac{4}{16} = 2$
$E(X^2) = 0^2 \cdot \frac{1}{16} + 1^2 \cdot \frac{4}{16} + 2^2 \cdot \frac{6}{16} + 3^2 \cdot \frac{4}{16} + 4^2 \cdot \frac{4}{16} = 5$
$V(X) = E(X^2) - E(X)^2 = 1$ となる．

例 3.3.4. 2 項分布が実際に分布であることを直接示せ．すなわち
$\sum_{k=0}^{n} {}_nC_k p^k (1-p)^{n-k} = 1$ となることを示せ．

(解) 2 項定理 $(a+b)^n = \sum_{k=0}^n {}_nC_k a^k b^{n-k}$ を使う．$\sum_{k=0}^n {}_nC_k p^k (1-p)^{n-k} = (p + (1-p))^n = 1$ となる．

命題 3.3.1. (2 項分布の平均と分散) 確率変数 X の分布が 2 項分布 $B(n,p)$ であるとき, $E(X) = np$, $V(X) = np(1-p)$ である.

証明. n 個の確率変数 $X_1, X_2, \ldots, X_n$ は独立で, 同一の分布であるベルヌーイ分布 $B(1,p)$ のとき, 和 $X = X_1 + X_2 + \cdots + X_n$ の分布は 2 項分布 $B(n,p)$ となることに注意する.

$$E(X) = E(X_1 + X_2 + \cdots + X_n) = E(X_1) + E(X_2) + \cdots + E(X_n) = np$$

となる. また命題 3.2.5 より,

$$V(X) = V(X_1 + X_2 + \cdots + X_n) = V(X_1) + V(X_2) + \cdots + V(X_n) = np(1-p)$$

を得る. □

(別証) 直接, つぎのように示しても良い. $E(X) = np$ を示す.

$$\begin{aligned} E(X) &= \sum_{k=0}^{n} k P(X = k) \\ &= \sum_{k=0}^{n} k \, {}_nC_k p^k (1-p)^{n-k} \\ &= \sum_{k=1}^{n} k \frac{n(n-1)\cdots(n-k+1)}{k!} p^k (1-p)^{n-k} \\ &= \sum_{k=1}^{n} np \frac{(n-1)\cdots((n-1)-(k-1)+1)}{(k-1)!} p^{k-1} (1-p)^{(n-1)-(k-1)} \\ &= np \sum_{k=1}^{n} {}_{n-1}C_{k-1} p^{k-1} (1-p)^{(n-1)-(k-1)} \\ &= np \sum_{k=0}^{n-1} {}_{n-1}C_k p^k (1-p)^{(n-1)-k} \\ &= np(p + (1-p))^{n-1} \\ &= np \end{aligned}$$

3.3. いろいろな分布

$V(X) = np(1-p)$ の証明．$V(X) = E(X^2) - E(X)^2$ より求める．

$$\begin{aligned}
E(X^2) &= \sum_{k=0}^{n} k^2 P(X=k) \\
&= \sum_{k=0}^{n} k^2 {}_nC_k p^k (1-p)^{n-k} \\
&= \sum_{k=1}^{n} k^2 {}_nC_k p^k (1-p)^{n-k} \\
&= \sum_{k=1}^{n} \{k(k-1) + k\} {}_nC_k p^k (1-p)^{n-k} \\
&= \sum_{k=1}^{n} k(k-1) {}_nC_k p^k (1-p)^{n-k} + \sum_{k=1}^{n} k \, {}_nC_k p^k (1-p)^{n-k} \\
&= \sum_{k=2}^{n} k(k-1) \frac{n(n-1)\cdots(n-k+1)}{k(k-1)(k-2)!} p^k (1-p)^{n-k} + E(X) \\
&= \sum_{k=2}^{n} n(n-1) \frac{(n-2)\cdots(n-k+1)}{(k-2)!} p^2 p^{k-2} (1-p)^{(n-2)-(k-2)} + np \\
&= n(n-1)p^2 \sum_{k=2}^{n} {}_{n-2}C_{k-2} p^{k-2} (1-p)^{(n-2)-(k-2)} + np \\
&= n(n-1)p^2 \sum_{k=0}^{n-2} {}_{n-2}C_k p^k (1-p)^{(n-2)-k} + np \\
&= n(n-1)p^2 (p + (1-p))^{n-2} + np \\
&= n(n-1)p^2 + np
\end{aligned}$$

となり，$E(X^2) = n(n-1)p^2 + np$ を得る．したがって，

$$V(X) = E(X^2) - E(X)^2 = n(n-1)p^2 + np - (np)^2 = np(1-p)$$

となる．

（微分を利用した別証） $E(X) = np$ を示す．
2 項定理 $(x+y)^n = \sum_{k=0}^{n} {}_nC_k x^k y^{n-k}$ を考える．

y を定数とみなして，x について両辺を x で微分する．

$$\text{左辺の微分} = n(x+y)^{n-1} \cdot 1 = n(x+y)^{n-1}$$

$$\text{右辺の微分} = \left(\sum_{k=0}^{n} {}_nC_k x^k y^{n-k} \right)'$$

$$= \sum_{k=0}^{n} ({}_nC_k x^k y^{n-k})'$$

$$= \sum_{k=1}^{n} {}_nC_k k x^{k-1} y^{n-k}$$

$$= \sum_{k=1}^{n} k {}_nC_k x^{k-1} y^{n-k}$$

したがって，$n(x+y)^{n-1} = \sum_{k=1}^{n} k {}_nC_k x^{k-1} y^{n-k}$ を得る．

そこで $x = p, y = 1-p$ を両辺に代入すると，

$$\text{左辺} = n(p+(1-p))^{n-1} = n$$

$$\text{右辺} = \sum_{k=1}^{n} k {}_nC_k p^{k-1}(1-p)^{n-k}$$

$$= \sum_{k=1}^{n} k {}_nC_k \frac{1}{p} p^k (1-p)^{n-k}$$

$$= \frac{1}{p} \sum_{k=1}^{n} k {}_nC_k p^k (1-p)^{n-k}$$

$$= \frac{1}{p} E(X)$$

したがって，$n = \frac{1}{p} E(X)$ を得る．ゆえに，$E(X) = np$ である．

$V(X) = np(1-p)$ を示す．

2 項定理 $(x+y)^n = \sum_{k=0}^{n} {}_nC_k x^k y^{n-k}$ を考える．

y を定数とみなして，x について両辺を x で 2 回微分する．

1 回微分すると $n(x+y)^{n-1} = \sum_{k=1}^{n} k {}_nC_k x^{k-1} y^{n-k}$ を得るので，さらに微分すると

$$n(n-1)(x+y)^{n-2} = \sum_{k=2}^{n} k(k-1)_nC_k x^{k-2} y^{n-k}$$

となる．そこで，$x = p, y = 1-p$ を両辺に代入すると，左辺 $= n(n-1)$ となり，一方

$$\begin{aligned}
\text{右辺} &= \sum_{k=2}^{n} k(k-1)_nC_k p^{k-2}(1-p)^{n-k} \\
&= \frac{1}{p^2} \sum_{k=2}^{n} k(k-1)_nC_k p^k (1-p)^{n-k} \\
&= \frac{1}{p^2} \left\{ \sum_{k=2}^{n} k^2 {}_nC_k p^k(1-p)^{n-k} - \sum_{k=2}^{n} k {}_nC_k p^k(1-p)^{n-k} \right\} \\
&= \frac{1}{p^2} \left\{ \sum_{k=1}^{n} k^2 {}_nC_k p^k(1-p)^{n-k} - 1^2 \cdot {}_nC_1 p^1(1-p)^{n-1} \right. \\
&\qquad \left. - \sum_{k=1}^{n} k {}_nC_k p^k(1-p)^{n-k} + 1 \cdot {}_nC_1 p^1(1-p)^{n-1} \right\} \\
&= \frac{1}{p^2} \left\{ \sum_{k=1}^{n} k^2 {}_nC_k p^k(1-p)^{n-k} - \sum_{k=1}^{n} k {}_nC_k p^k(1-p)^{n-k} \right\} \\
&= \frac{1}{p^2} \left(E(X^2) - E(X) \right) \\
&= \frac{1}{p^2} \left(E(X^2) - np \right)
\end{aligned}$$

となる．したがって，$n(n-1) = \frac{1}{p^2}(E(X^2) - np)$ となるから $E(X^2) = n(n-1)p^2 + np$ となる．そこで

$$V(X) = E(X^2) - E(X)^2 = n(n-1)p^2 + np - (np)^2 = np(1-p)$$

を得る．

命題 3.3.2. （**2 項分布の例**）1 回の試行で事象 A の起こる確率が p とする．n 回独立に繰り返したとき事象 A の起こる回数を X とおくとき，X の分布は 2 項分布 $B(n, p)$ である．

証明． 確率変数 X_1 をつぎのようにおく．（1 回目のみに着目して）1 回目の

試行で事象 A が起こったとき 1, 事象 A が起こらなかったとき 0 とする. 同様にして, 一般に確率変数 X_i をつぎのようにおく. i 回目の試行で事象 A が起こったとき 1, 事象 A が起こらなかったとき 0 とする. 各確率変数 X_i の分布はベルヌーイ分布 $B(1,p)$ である. 実際, X_1 の分布を求めてみる.

$P(X_1 = 0) = $ "1 回目に事象 A が起こらない確率" $= 1 - p$, $P(X_1 = 1) = $ "1 回目に事象 A が起こる確率" $= p$ である. 同様にして, 確率変数 X_i の分布はベルヌーイ分布 $B(1,p)$ である. また, 確率変数 $X_1, X_2, \ldots, X_n$ は独立である. $X = X_1 + X_2 + \cdots + X_n$ である. したがって, X の分布は 2 項分布 $B(n,p)$ である. □

もう一度, 具体的な問題で考察してみる.

例 3.3.5. 袋の中に赤玉 3 個, 白玉 2 個が入っている. 袋の中から 1 個とりだして玉の色を確認し, 再び袋の中に戻してよくかき混ぜまた 1 個とりだす. このことを 3 回繰り返したとき赤玉の出る回数を X とする. X の分布を求め, 平均と分散を求めよ.

(解) 一般論より 2 項分布 $B(3, 3/5)$ であることは明らかであるが, 具体的に考えてみる.

$X = 0$ の場合, すなわち赤玉が 1 回も出ないとき. 3 回とも白玉 (白, 白, 白) だからその確率 $P(X = 0)$ は $(1 - 3/5) \times (1 - 3/5) \times (1 - 3/5) = (1 - 3/5)^3 = 8/125$ である.

$X = 1$ の場合, すなわち赤玉が 1 回で白玉が 2 回だから, (赤, 白, 白), (白, 赤, 白), (白, 白, 赤) の 3 通りであり, その確率は (赤, 白, 白) のときは $(3/5) \times (1 - 3/5) \times (1 - 3/5) = (3/5)(1 - 3/5)^2 = 12/125$ であり, その他のときも同じだから $P(X = 1) = 3 \cdot 12/125 = 36/125$ である.

$X = 2$ の場合, すなわち赤玉が 2 回で白玉が 1 回だから, (赤, 赤, 白), (赤, 白, 赤), (白, 赤, 赤) の 3 通りであり, その確率は (赤, 赤, 白) のときは $(3/5) \times (3/5) \times (1 - 3/5) = 18/125$ であり, その他のときも同じだから $P(X = 2) = 3 \cdot 18/125 = 54/125$ である.

$X = 3$ の場合, すなわち 3 回とも赤玉だから, (赤, 赤, 赤) だからその確率 $P(X = 3) = (3/5) \times (3/5) \times (3/5) = 27/125$ である.

X の値	0	1	2	3	計
確率	$\frac{8}{125}$	$\frac{36}{125}$	$\frac{54}{125}$	$\frac{27}{125}$	1

例 3.3.6. サイコロを 6 回投げる．5 以上の目がでる回数を X とする．つぎの問に答えよ．

(1) X の分布は何になるか述べよ．またその分布を具体的に書き下せ．

(2) X の平均 $E(X)$, および分散 $V(X)$ を求めよ．

(解) (1) 1 回の試行で，5 以上の目がでる事象を A とするとその確率 $P(A)$ は $P(A) = 2/6 = 1/3$ である．したがって，X の分布は 2 項分布 $B(6, 1/3)$ である．

(2) $E(X) = 6 \times (1/3) = 2$, $V(X) = 6 \times (1/3) \times (2/3) = 4/3$ である．

例 3.3.7. ○×式の試験が 6 問ある．これにすべてあてずっぽうで答えたとき，5 問以上正解である確率を求めよ．

(解) 正解である数を X とすると，1 問であてずっぽうで当たる確率は $1/2$ だから，X の分布は 2 項分布 $B(6, 1/2)$ である．
したがって $P(X = k) = {}_6C_k (\frac{1}{2})^k (1 - \frac{1}{2})^{6-k} = {}_6C_k \frac{1}{64}$ である．
$P(X \geq 5) = P(X = 5) + P(X = 6) = \frac{6}{64} + \frac{1}{64} = \frac{7}{64} = 0.109$ である．

例 3.3.8. 3 択式の試験が 6 問ある．これにすべてあてずっぽうで答えたとき，5 問以上正解である確率を求めよ．

(解) 正解である数を X とすると，1 問であてずっぽうで当たる確率は $1/3$ だから，X の分布は 2 項分布 $B(6, 1/3)$ である．
したがって $P(X = k) = {}_6C_k (\frac{1}{3})^k (1 - \frac{1}{3})^{6-k} = {}_6C_k 2^{6-k} \frac{1}{729}$ である．
$P(X \geq 5) = P(X = 5) + P(X = 6) = 6 \times 2 \times \frac{1}{729} + \frac{1}{729} = \frac{13}{729} = 0.018$ である．

例 3.3.9. 打率 3 割のバッターが，4 打席で 2 本以上ヒットを打つ確率を求めよ．

(解) 1 打席でヒットを打つ確率が 0.3 だから，ヒットを打つ回数を X とおくと X の分布は 2 項分布 $B(4, 0.3)$ である．したがって $P(X = k) = {}_4C_k (0.3)^k (1 - 0.3)^{4-k}$ $(k = 0, 1, 2, 3, 4)$ である．$P(X \geq 2) = P(X = 2) +$

$P(X=3) + P(X=4) = 6 \cdot 0.09 \cdot 0.49 + 4 \cdot 0.027 \cdot 0.7 + 0.0081 = 0.3483$ であり，約 0.35 である．

定義 3.3.2. 確率変数 X のとる値が $0, 1, 2, \ldots$ で $P(X=k) = \dfrac{\lambda^k}{k!} e^{-\lambda}$ $(k = 0, 1, 2, \ldots)$ となるとき，X の分布は（平均 λ の）**ポアソン分布**といい $p(\lambda)$ と書く．

例 3.3.10. 確率変数 X の分布が（平均 1 の）ポアソン分布 $p(1)$ であるとする．X の分布を具体的に書き下せ．

(解) $P(X=k) = \frac{1^k}{k!} e^{-1} = \frac{1}{k!} e^{-1}$ となる．
$P(X=0) = \frac{1}{0!} e^{-1} = e^{-1} = 0.36788$, $P(X=1) = \frac{1}{1!} e^{-1} = e^{-1} = 0.36788$,
$P(X=2) = \frac{1}{2!} e^{-1} = \frac{1}{2} e^{-1} = 0.18394$, $P(X=3) = \frac{1}{3!} e^{-1} = 0.06131$

X の値	0	1	2	3	4	$\cdots$	計
確率	$\frac{1}{e}$	$\frac{1}{e}$	$\frac{1}{2}\frac{1}{e}$	$\frac{1}{6}\frac{1}{e}$	$\frac{1}{24}\frac{1}{e}$	$\cdots$	1

近似値で表を書くと次のようになる．

X の値	0	1	2	3	4	$\cdots$	計
確率	0.36788	0.36788	0.18394	0.06131	0.01533	$\cdots$	1

ポアソン分布が実際に分布になることを言うために，微積分学で学ぶ指数関数のべき級数展開について紹介する．

補足（Taylor 展開） 指数関数 $f(x) = e^x$ は収束半径 ∞ のべき級数に以下のように展開できる．

$$e^x = \sum_{n=0}^{\infty} \frac{1}{n!} x^n$$
$$= 1 + \frac{1}{1!} x + \frac{1}{2!} x^2 + \frac{1}{3!} x^3 + \cdots + \frac{1}{n!} x^n + \cdots$$

例 3.3.11. ポアソン分布 $p(\lambda)$ が実際に分布であること，すなわち

$$\sum_{k=0}^{\infty} \frac{\lambda^k}{k!} e^{-\lambda} = 1$$

であることを確かめよ．

(解)
$$\sum_{k=0}^{\infty} \frac{\lambda^k}{k!} e^{-\lambda} = e^{-\lambda} \sum_{k=0}^{\infty} \frac{\lambda^k}{k!} = e^{-\lambda} e^{\lambda} = 1$$

命題 3.3.3. （ポアソン分布の平均，分散）確率変数 X の分布がポアソン分布 $p(\lambda)$ であるとする．このとき，$E(X) = \lambda$, $V(X) = \lambda$ である．

証明． $E(X)$ を求める．

$$\begin{aligned}
E(X) &= \sum_{k=0}^{\infty} k\, P(X=k) = \sum_{k=0}^{\infty} k \frac{\lambda^k}{k!} e^{-\lambda} \\
&= e^{-\lambda} \sum_{k=1}^{\infty} k \frac{\lambda^k}{k!} = e^{-\lambda} \sum_{k=1}^{\infty} \frac{\lambda^k}{(k-1)!} \\
&= e^{-\lambda} \lambda \sum_{k=1}^{\infty} \frac{\lambda^{k-1}}{(k-1)!} = \lambda e^{-\lambda} \sum_{k=0}^{\infty} \frac{\lambda^k}{k!} \\
&= \lambda
\end{aligned}$$

つぎに分散 $V(X)$ を求める．

$$\begin{aligned}
E(X^2) &= \sum_{k=0}^{\infty} k^2\, P(X=k) = \sum_{k=0}^{\infty} \{k(k-1) + k\} P(X=k) \\
&= \sum_{k=0}^{\infty} k(k-1)\, P(X=k) + \sum_{k=0}^{\infty} k\, P(X=k) \\
&= \sum_{k=2}^{\infty} k(k-1) \frac{\lambda^k}{k!} e^{-\lambda} + \lambda \\
&= \sum_{k=2}^{\infty} \lambda^2 \frac{\lambda^{k-2}}{(k-2)!} e^{-\lambda} + \lambda \\
&= \lambda^2 e^{-\lambda} \sum_{k=0}^{\infty} \frac{\lambda^k}{k!} + \lambda = \lambda^2 + \lambda
\end{aligned}$$

したがって，$V(X) = E(X^2) - E(X)^2 = \lambda^2 + \lambda - \lambda^2 = \lambda$ を得る． □

例 3.3.12. あるサッカーチームの，1 試合の得点数は平均 2 のポアソン分布 $p(2)$ に従っているという．このチームが 1 試合で 2 点以上あげる確率を求めよ．

(解) 得点数を X とする．$P(X \geq 2) = 1 - \{P(X = 0) + P(X = 1)\} = 1 - e^{-2} - 2e^{-2} = 1 - 3e^{-2} = 1 - 3 \times 0.135 = 0.593$ となる．

2 項分布 $B(n, p)$ において，n が非常に大きいときは確率 ${}_nC_k p^k (1-p)^{n-k}$ を求めることは手計算では困難である．そこで 2 項分布をポアソン分布で近似することを考えよう．

命題 3.3.4. (**2 項分布のポアソン分布近似**) n が十分大きく，p が十分小さくて，かつ $\lambda = np$ があまり大きくないとき，$np < 5$ 程度であるとき，${}_nC_k p^k (1-p)^{n-k} \approx e^{-\lambda} \frac{\lambda^k}{k!}$, $(k = 0, 1, 2, \ldots)$ となる．すなわち，2 項分布 $B(n, p)$ はポアソン分布 $p(\lambda)$ で近似できる．

証明. $p = \frac{\lambda}{n}$ とおく．

$$\begin{aligned}
{}_nC_k p^k (1-p)^{n-k} &= \frac{n(n-1)\cdots(n-k+1)}{k!} \left(\frac{\lambda}{n}\right)^k \left(1 - \frac{\lambda}{n}\right)^{n-k} \\
&= \frac{\lambda^k}{k!} \frac{n(n-1)\cdots(n-k+1)}{n^k} \left(1 - \frac{\lambda}{n}\right)^{n-k} \\
&= \frac{\lambda^k}{k!} 1 \cdot \left(1 - \frac{1}{n}\right) \cdots \left(1 - \frac{k-1}{n}\right) \left(1 - \frac{\lambda}{n}\right)^{-k} \left(1 - \frac{\lambda}{n}\right)^n
\end{aligned}$$

である．そこで $(1 - \frac{\lambda}{n})^n \to e^{-\lambda}$ $(n \to \infty)$ に注意すると

$$_nC_k p^k (1-p)^{n-k} \to \frac{\lambda^k}{k!} e^{-\lambda} \quad (n \to \infty)$$

となる． □

例 3.3.13. 1 回の勝負が 1/10000 の確率で勝つ賭けがある．この賭けを 10000 回繰り返すとき，一度も勝つことのない確率を求めよ．

(解) (1). 勝つ回数を X とおくと，確率変数 X の分布は 2 項分布 $B(10000, 1/10000)$, すなわち k 回勝つ確率は

$$P(X = k) = {}_{10000}C_k \left(\frac{1}{10000}\right)^k \left(1 - \frac{1}{10000}\right)^{10000-k}, \ (k = 0, 1, 2, \cdots 10000)$$

である．したがって，一度も勝つことのない確率は $P(X=0) = (\frac{9999}{10000})^{10000}$ となる．(2) 命題 3.3.4 を使ってこの値を求めることにする．$\lambda = np = 10000 \times 1/10000 = 1$ だから 2 項分布 $B(10000, 1/10000)$ はポアソン分布 $p(1)$ で近似できる．したがって

$$P(X=0) = \left(\frac{9999}{10000}\right)^{10000} \approx \frac{1^0}{0!} e^{-1} = \frac{1}{e} = 0.367$$

となる．一度も勝つことのない確率は 0.367 である．

問 3.3.1. 1 回の勝負が 1/5000 の確率で勝つ賭けがある．この賭けを 10000 回繰り返すとき，2 回以上勝つ確率を求めよ．

定義 3.3.3. $0 < p < 1$ とする．確率変数 X のとる値が $1, 2, \ldots$ で $P(X = k) = p(1-p)^{k-1}$ $(k = 1, 2, 3, \ldots)$ となるとき，X の分布は**幾何分布**といい $G(p)$ と書く．

(幾何分布の例) 1 回の試行で事象 A の起こる確率を p とする．試行を独立に繰り返したとき，初めて事象 A が起こったときの回数を X とする．たとえば $X = 3$ は 3 回目の試行で初めて事象 A が起こることを意味する．このとき，X の分布は幾何分布 $G(p)$ である．

例 3.3.14. 幾何分布 $G(p)$ が実際に分布であること，すなわち

$$\sum_{k=1}^{\infty} p(1-p)^{k-1} = 1$$

であることを確かめよ．

(解) $\sum_{k=1}^{\infty} p(1-p)^{k-1} = p \sum_{k=1}^{\infty} (1-p)^{k-1} = p \frac{1}{1-(1-p)} = 1$ となり，分布であることが確かめられた．

幾何分布の平均と分散は，後に積率母関数を用いて求めることにするが，まず平均だけは求めてみよう．

例 3.3.15. 確率変数 X の分布が幾何分布 $G(p)$ とする．X の平均 $E(X)$ を求めよ．

(解) X の平均 $E(X)$ が $E(X) = \sum_{k=1}^{\infty} kp(1-p)^{k-1} = p\sum_{k=1}^{\infty} k(1-p)^{k-1}$ となることに着目して，p の関数 $f(p)$ を $f(p) = \sum_{k=0}^{\infty}(1-p)^k$ とおく．$f(p)$ は公比 $1-p$ の等比級数の和であるから $f(p) = \dfrac{1}{1-(1-p)} = \dfrac{1}{p}$ となる．したがって，$f'(p) = -\dfrac{1}{p^2}$ である．一方，無限級数を形式的に微分することにより

$$f'(p) = (\sum_{k=0}^{\infty}(1-p)^k)' = \sum_{k=0}^{\infty}((1-p)^k)' = -\sum_{k=0}^{\infty}k(1-p)^{k-1}$$

となる．したがって，$E(X) = -pf'(p) = -p(-\dfrac{1}{p^2}) = \dfrac{1}{p}$ となる．

例 3.3.16. 勝率が 1/3 のチームは，平均して何試合目に初めて勝つかを求めよ．

(解) はじめて試合に勝つときの試合数を X とおくと，X の分布は幾何分布 $G(1/3)$ である．したがって X の平均は $E(X) = \dfrac{1}{1/3} = 3$ となる．平均して 3 試合目に初めて勝利する．

定義 3.3.4. $0 < p < 1$ とし，r を正の整数とする．確率変数 X のとる値が $r, r+1, r+2, \ldots$ で

$$P(X = k) = {}_{k-1}C_{r-1}p^r(1-p)^{k-r} \quad (k = r, r+1, r+2, \ldots)$$

となるとき，X の分布は**負の 2 項分布**といい $NB(r, p)$ と書く．特に，$r = 1$ のときは，幾何分布 $G(p)$ に他ならない．

(負の 2 項分布の例) 1 回の試行で事象 A の起こる確率を p とする．試行を独立に繰り返したとき，k 回目で初めて事象 A が r 回起こったときの回数 k を確率変数 X とするとき，X の分布は負の 2 項分布である．

例 3.3.17. 負の 2 項分布 $NB(r, p)$ が実際に分布であること，すなわち

$$\sum_{k=r}^{\infty} {}_{k-1}C_{r-1}p^r(1-p)^{k-r} = 1$$

であることを確かめよ．

(解) α を任意の実数とするとき，一般の 2 項定理
$$(1+x)^\alpha = \sum_{n=0}^\infty {}_\alpha C_n x^n$$
$$(1-x)^\alpha = \sum_{n=0}^\infty {}_\alpha C_n (-1)^n x^n$$
となることを使う．ただし，${}_\alpha C_n = \dfrac{\alpha(\alpha-1)\cdots(\alpha-n+1)}{n!}$ である．
また，${}_n C_r = {}_n C_{n-r}$, ${}_{-n} C_r = (-1)^r {}_{n+r-1} C_r$ となることを使う．
$$\sum_{k=r}^\infty {}_{k-1}C_{r-1} p^r (1-p)^{k-r} = p^r \sum_{l=0}^\infty {}_{l+r-1}C_l (1-p)^l$$
$$= p^r \sum_{l=0}^\infty (-1)^l {}_{-r}C_l (1-p)^l$$
$$= p^r (1-(1-p))^{-r} = 1$$

超幾何分布を考察するために，以下の簡単な例をとりあげよう．

例 3.3.18. 赤玉 3 個と白玉 2 個の入った箱がある．ランダムにその箱から 2 個とりだしたときの赤玉の個数を X とする．X の分布を求めよ．

(解) $P(X=0)$，すなわち 2 個とも白玉である確率を求める．5 個から 2 個取り出す組み合わせの総数は ${}_5C_2 = 10$ である．そのうち 2 個とも白玉である総数は ${}_2C_2 = 1$ だから $P(X=0) = \dfrac{1}{10}$ である．同様にして $P(X=1) = \dfrac{{}_3C_1 \times {}_2C_1}{{}_5C_2} = \dfrac{6}{10}$, $P(X=2) = \dfrac{{}_3C_2}{{}_5C_2} = \dfrac{3}{10}$ となる．

X の値	0	1	2	計
確率	$\frac{1}{10}$	$\frac{6}{10}$	$\frac{3}{10}$	1

例 3.3.19. 赤玉 4 個と白玉 3 個の入った箱がある．ランダムにその箱から 5 個とりだしたときの赤玉の個数を X とする．X の分布を求めよ．

(解) X のとる値は，$\{2, 3, 4\}$ であることに注意する．7 個から 5 個取り出す組み合わせの総数は ${}_7C_5 = 21$ である．そのうち赤玉が 2 個である総数は ${}_4C_2 \times {}_3C_3 = 6$ だから $P(X=2) = \dfrac{6}{21}$ である．同様にして $P(X=3) = \dfrac{{}_4C_3 \times {}_3C_2}{{}_7C_5} = \dfrac{12}{21}$, $P(X=4) = \dfrac{{}_4C_4 \times {}_3C_1}{{}_7C_5} = \dfrac{3}{21}$ である．

X の値	2	3	4	計
確率	$\frac{6}{21}$	$\frac{12}{21}$	$\frac{3}{21}$	1

定義 3.3.5. 正の整数 N, M とし，$M < N$ とする．また，n を $n < N$ なる正の整数とする．確率変数 X が

$$P(X = k) = \frac{{}_M C_k \times {}_{N-M} C_{n-k}}{{}_N C_n}$$

ただし，$\mathrm{Max}\{0, n - (N - M)\} \leq k \leq \mathrm{Min}\{n, M\}$ とする．このとき，X の分布は**超幾何分布** $HG(N, M, n)$ であるという．

3.4 積率母関数

2 項分布の平均や分散の計算を求めるのに技巧的な計算を必要とした．本節ではもっと系統的に求めることができる手法を考える．そのような手法の一つが積率母関数とよばれるものである．

定義 3.4.1. X を確率変数とする．$M_X(t) = E(e^{tX})$ とおき，X の**積率母関数**，または**モーメント母関数**という．すなわち，X のとる値を $x_1, x_2, \ldots, x_n$ とし，各値 x_i をとる確率を $p_i = P(X = x_i), (i = 1, 2, \ldots, n)$ とするとき，$M_X(t) = \sum_{i=1}^{n} e^{tx_i} p_i$ とする．

例 3.4.1. X の分布が 2 項分布 $B(n, p)$ であるとき，X の積率母関数 $M_X(t)$ は $M_X(t) = (pe^t + q)^n$ である．ただし，$q = 1 - p$ とする．

(解) $M_X(t) = \sum_{k=0}^{n} e^{tk} {}_n C_k p^k q^{n-k} = \sum_{k=0}^{n} {}_n C_k (pe^t)^k q^{n-k} = (pe^t + q)^n$ を得る．

命題 3.4.1. 確率変数 X の積率母関数を $M_X(t)$ とする．このとき，積率母関数の導関数は

(1) $M_X^{(n)}(t) = \sum_{i=1}^{n} x_i^n e^{tx_i} p_i \quad (n = 1, 2, \ldots)$
(2) $E(X^n) = M_X^{(n)}(0) = \sum_{i=1}^{n} x_i^n p_i \quad (n = 1, 2, \ldots)$
(3) $E(X) = M_X'(0), V(X) = M_X''(0) - (M_X'(0))^2$

証明. (1) $(M_X)'(t) = (\sum_{i=1}^n e^{tx_i}p_i)' = \sum_{i=1}^n (e^{tx_i}p_i))' = \sum_{i=1}^n x_i e^{tx_i}p_i$ となる．順次，このことを繰り返して $M_X^{(n)}(t) = \sum_{i=1}^n x_i^n e^{tx_i}p_i$ となる．
(2) $M_X^{(n)}(0) = \sum_{i=1}^n x_i e^{0x_i}p_i = \sum_{i=1}^n x_i p_i = E(X)$ である．また，同様にして $M_X^{(n)}(0) = \sum_{i=1}^n x_i^n p_i = E(X^n)$ を得る．
(3) (2) より，$E(X) = M_X'(0)$ である．$V(X) = E(X^2) - (E(X))^2 = M_X''(0) - (M_X'(0))^2$ □

(注) 命題 3.4.1 (2) は "形式的" にはつぎのようにして求まる．$\frac{d}{dt}M_X(t) = \frac{d}{dt}E(e^{tX}) = E(\frac{d}{dt}e^{tX}) = E(Xe^{tX})$ となり，このことを繰り返して $\frac{d^n}{dt^n}M_X(t) = E(X^n e^{tX})$ となる．このことより，$M_X^{(n)}(0) = E(X^n e^{0X}) = E(X^n)$ を得る．

命題 3.4.2. 確率変数 X, Y が独立とする．このとき $M_{X+Y}(t) = M_X(t)M_Y(t)$ である．

証明. 命題 3.2.6 を使う．

$$M_{X+Y}(t) = E(e^{t(X+Y)}) = E(e^{tX}e^{tY}) = E(e^{tX})E(e^{tY}) = M_X(t)M_Y(t)$$

を得る． □

例 3.4.2. 確率変数 X の分布が 2 項分布 $B(n,p)$ とする．期待値 $E(X)$ と分散 $V(X)$ とを求めよ．

(解) $q = 1 - p$ とおくと，積率母関数は $M_X(t) = (pe^t + q)^n$ である．これより $M_X'(t) = npe^t(pe^t + q)^{n-1}$ であり

$$\begin{aligned} M_X''(t) &= np\{e^t(pe^t + q)^{n-1} + e^t pe^t(n-1)(pe^t + q)^{n-2}\} \\ &= npe^t(pe^t + q)^{n-2}(npe^t + q) \end{aligned}$$

である．したがって，$E(X) = M_X'(0) = np(p+q)^{n-1} = np$ を得る．さらに，$V(X) = M_X''(0) - E(X)^2 = np(np+q) - (np)^2 = npq$ である．

問 3.4.1. 確率変数 X の分布がポアソン分布 $p(\lambda)$ であるとする．X の積率母関数を求め，それを利用して期待値 $E(X)$ と分散 $V(X)$ を求めよ．

(**解**) $P(X=k) = \frac{\lambda^k}{k!}e^{-\lambda}$, $(k=0,1,2,\ldots)$ に注意して

$$M_X(t) = \sum_{k=0}^{\infty} e^{tk}\frac{\lambda^k}{k!}e^{-\lambda}$$

$$= e^{-\lambda}\sum_{k=0}^{\infty}\frac{(\lambda e^t)^k}{k!} = e^{-\lambda}e^{\lambda e^t} = e^{\lambda(e^t-1)}$$

となる. 積率母関数は $e^{\lambda(e^t-1)}$ である.

$M_X'(t) = \lambda e^t e^{\lambda(e^t-1)}$ である. また, $M_X''(t) = \lambda e^t(1+\lambda e^t)e^{\lambda(e^t-1)}$ である. 期待値 $E(X) = M_X'(0) = \lambda$ を得る. 分散 $V(X) = M_X''(0) - E(X)^2 = \lambda(1+\lambda) - \lambda^2 = \lambda$ である.

例 3.4.3. 確率変数 X の分布が幾何分布 $G(p)$ とする. X の積率母関数を求め, それを利用して平均, 分散を求めよ.

(**解**)

$$M_X(t) = \sum_{k=1}^{\infty} e^{tk}p(1-p)^{k-1} = pe^t\sum_{k=1}^{\infty} e^{t(k-1)}(1-p)^{k-1}$$

$$= pe^t\sum_{k=1}^{\infty}(e^t(1-p))^{k-1} = pe^t\frac{1}{1-(1-p)e^t}$$

より $M_X(t) = \dfrac{pe^t}{1-(1-p)e^t}$ を得る.

$$M_X'(t) = \frac{pe^t(1-(1-p)e^t) - pe^t(-1)(1-p)e^t}{(1-(1-p)e^t)^2}$$

$$= \frac{pe^t}{(1-(1-p)e^t)^2}$$

を得るから, $E(X) = M_X'(0) = \frac{1}{p}$ となる. また

$$M_X''(t) = \frac{pe^t(1-(1-p)e^t)^2 - pe^t 2(1-(1-p)e^t)(-19(1-p)e^t}{(1-(1-p)e^t)^4}$$

$$= \frac{pe^t(1+(1-p)e^t)}{(1-(1-p)e^t)^3}$$

である．したがって，$E(X^2) = M_X''(0) = \frac{2-p}{p^2}$ となるから，$V(X) = E(X^2) - E(X)^2 = \frac{1-p}{p^2}$ となる．

例 3.4.4. 確率変数 X の分布が負の 2 項分布 $NB(r,p)$ とする．X の積率母関数を求め，それを利用して平均，分散を求めよ．

（解） $M_X(t) = \left(\frac{pe^t}{1-(1-p)e^t}\right)^r$ である．実際

$$M_X(t) = \sum_{k=r}^{\infty} e^{tk} {}_{k-1}C_{r-1} p^r (1-p)^{k-r}$$

$$= \sum_{l=0}^{\infty} e^{t(l+r)} {}_{l+r-1}C_{r-1} p^r (1-p)^l$$

$$= p^r e^{tr} \sum_{l=0}^{\infty} e^{tl} {}_{l+r-1}C_l (1-p)^l$$

$$= p^r e^{tr} \sum_{l=0}^{\infty} e^{tl} (-1)^l {}_{-r}C_l (1-p)^l$$

$$= p^r e^{tr} \sum_{l=0}^{\infty} {}_{-r}C_l (-1)^l (e^t(1-p))^l$$

$$= p^r e^{tr} (1 - e^t(1-p))^{-r}$$

$$= \left(\frac{pe^t}{1-(1-p)e^t}\right)^r$$

である．これより

$$M_X'(t) = r\left(\frac{pe^t}{1-(1-p)e^t}\right)^{r-1} \frac{pe^t}{(1-(1-p)e^t)^2}$$

$$= r\frac{(pe^t)^r}{(1-(1-p)e^t)^{r+1}}$$

となるから，$E(X) = M_X'(0) = \frac{r}{p}$ となる．

$$M_X''(t) = r\frac{r(pe^t)^r (r(1-p)e^t)^{r+1} - (pe^t)^r (r+1)(1-(1-p)e^t)^r (-1)(1-p)e^t}{(1-(1-p)e^t)^{2(r+1)}}$$

$$= r\frac{(pe^t)^r (r+(1-p)e^t)}{(1-(1-p)e^t)^{r+2}}$$

となる．したがって，$V(X) = E(X^2) - E(X)^2 = M_X''(0) - M_X'(0)^2 = \dfrac{r(r+(1-p))}{p^2} - \dfrac{r^2}{p^2} = \dfrac{r(1-p)}{p^2}$ となる．

積率母関数が重要であるのは，平均や分散の計算に有用だという理由だけではなくつぎの定理（積率母関数に対する分布の一意性）にある．

定理 3.4.1.（積率母関数の一意性） 確率変数 X と Y の分布をそれぞれ $P(X = x_i) = p_i$ $(i = 1, 2, \ldots, m)$, $P(Y = y_j) = q_j$ $(j = 1, 2, \ldots, n)$ とする．ただし，$x_1 < x_2 < \cdots < x_m$, $y_1 < y_2 < \cdots < y_n$ で $p_i > 0$ $(i = 1, 2, \ldots, m)$, $q_j > 0$ $(j = 1, 2, \ldots, n)$ とする．また X の積率母関数を $M_X(t)$ とし，Y の積率母関数を $M_Y(t)$ とする．

$M_X(t) \equiv M_Y(t)$ ならば X の分布と Y の分布とは一致する．

すなわち $m = n$ で $x_1 = y_1, x_2 = y_2, \ldots, x_m = y_m$ でかつ $p_1 = q_1, p_2 = q_2, \ldots, p_m = q_m$ である．

この定理の証明の本質的な部分は，指数関数の組が（線形代数でいうところの）一次独立になることである．まずそのことを簡単な例で説明する．

例 3.4.5. 実数 a_1, a_2, a_3 がすべて異なるとき，指数関数の 3 個の組 $\{e^{a_1 t}, e^{a_2 t}, e^{a_3 t}\}$ が一次独立であることを示せ．すなわち

$$\lambda_1 e^{a_1 t} + \lambda_2 e^{a_2 t} + \lambda_3 e^{a_3 t} \equiv 0 \implies \lambda_1 = \lambda_2 = \lambda_3 = 0$$

であることを示せ．

（解） $f(t) = \lambda_1 e^{a_1 t} + \lambda_2 e^{a_2 t} + \lambda_3 e^{a_3 t}$ とおく．$f(0) = \lambda_1 + \lambda_2 + \lambda_3 = 0$ である．また $f'(t) = a_1 \lambda_1 e^{a_1 t} + a_2 \lambda_2 e^{a_2 t} + a_3 \lambda_3 e^{a_3 t} \equiv 0$ より $f'(0) = a_1 \lambda_1 + a_2 \lambda_2 + a_3 \lambda_3 = 0$ となる．さらに $f''(t) = a_1^2 \lambda_1 e^{a_1 t} + a_2^2 \lambda_2 e^{a_2 t} + a_3^2 \lambda_3 e^{a_3 t} \equiv 0$ より $f''(0) = a_1^2 \lambda_1 + a_2^2 \lambda_2 + a_3^2 \lambda_3 = 0$ となる．整理すると，未知数 $\lambda_1, \lambda_2, \lambda_3$ に関する以下の連立一次方程式を得る．

$$\begin{cases} \lambda_1 + \lambda_2 + \lambda_3 = 0 & (1) \\ a_1 \lambda_1 + a_2 \lambda_2 + a_3 \lambda_3 = 0 & (2) \\ a_1^2 \lambda_1 + a_2^2 \lambda_2 + a_3^2 \lambda_3 = 0 & (3) \end{cases}$$

$a_3 \times (2) - (3)$ より $a_1(a_3 - a_1)\lambda_1 + a_2(a_3 - a_2)\lambda_2 = 0$ (4) となる．また $a_3 \times (1) - (2)$ より $(a_3 - a_1)\lambda_1 + (a_3 - a_2)\lambda_2 = 0$ (5) となる．$a_2 \times (5) - (4)$ より $(a_2 - a_1)(a_3 - a_1)\lambda_1 = 0$ を得る．a_1, a_2, a_3 はすべて異なるから $\lambda_1 = 0$ となる．これより順次 $\lambda_2 = 0, \lambda_3 = 0$ を得る．

以上の議論を一般化し，線形代数での解の一意性に対する定理とファンデル・モンドの行列式に関する事実から，つぎの命題を得る．証明は線形代数の本を参照してほしい．

命題 3.4.3. 実数 $a_1, a_2, \ldots, a_n$ がすべて異なるとき，指数関数の n 個の組 $\{e^{a_1 t}, e^{a_2 t}, \ldots, e^{a_n t}\}$ は一次独立である．すなわち

$$\lambda_1 e^{a_1 t} + \lambda_2 e^{a_2 t} + \ldots + \lambda_n e^{a_n t} \equiv 0 \Longrightarrow \lambda_1 = \lambda_2 = \ldots = \lambda_n = 0$$

である．

(定理 3.4.1 の証明) x_i のうちいずれかの y_j と等しくなるような $1 \leq i \leq m$ の集合を I とする．すなわち，

$$I = \{1 \leq i \leq m \mid \text{ある } j(i) \text{ が存在して } x_i = y_{j(i)}\} \subset \{1, 2, \ldots, m\}$$

とおく．また，$J = \{j(i) \mid i \in I\} \subset \{1, 2, \ldots, n\}$ とおく．
(1) $m = n$ の証明．背理法により証明する．$I \neq \{1, 2, \ldots, m\}$ かまたは $J \neq \{1, 2, \ldots, n\}$ である．すると

$$0 = M_X(t) - M_Y(t) = \sum_{i=1}^{m} p_i e^{x_i t} - \sum_{j=1}^{n} q_j e^{y_j t}$$
$$= \sum_{i \in I} (p_i - q_{j(i)}) e^{x_i t} + \sum_{i \notin I} p_i e^{x_i t} + \sum_{j \notin J} (-q_j) e^{y_j t}$$

となる．命題 3.4.3 により指数関数の組が一次独立であるから，各係数が 0 となる．しかも $\{1 \leq i \leq m \mid i \notin I\} \neq \emptyset$ かまたは $\{1 \leq j \leq n \mid j \notin J\} \neq \emptyset$ だから，$p_i = 0$ となる i が存在するか $q_j = 0$ となる j が存在する．これは条件 $p_i > 0$ $(i = 1, 2, \ldots, m)$, $q_j > 0$ $(j = 1, 2, \ldots, n)$ に反する．したがって $m = n$ を得る．

(2) ある $i \in \{1, 2, \ldots, m\}$ が存在して，x_i はどの y_j ($j = 1, 2, \ldots, m = n$) とも異なると仮定する．すなわち，$I \neq \{1, 2, \ldots, m\}$ と仮定する．(1) で示した $m = n$ に注意すると $J \neq \{1, 2, \ldots, m\}$ である．(1) の証明と全く同様にして

$$0 = M_X(t) - M_Y(t) = \sum_{i \in I}(p_i - q_{j(i)})e^{x_i t} + \sum_{i \notin I} p_i e^{x_i t} + \sum_{j \notin J}(-q_j)e^{y_j t}$$

であることより，矛盾となる．

(3) 上の (1) と (2) より $m = n$ でかつ $x_1 = y_1, x_1 = y_1, \ldots, x_m = y_m$ であることが示せた．$p_1 = q_1, p_2 = q_2, \ldots, p_m = q_m$ を示す．

$$0 = M_X(t) - M_Y(t) = \sum_{i=1}^{m} p_i e^{x_i t} - \sum_{i=1}^{m} q_i e^{y_i t} = \sum_{i=1}^{m}(p_i - q_i)e^{x_i t}$$

命題 3.4.3 により $p_i - q_i = 0$ ($i = 1, 2, \ldots, m$) を得る．

練習問題

(1) サイコロを 2 回投げる．1 回目にでた目から 2 回目にでた目の差を X とする．X の分布を求めよ．

(2) サイコロを n 回投げる．1 回目にでた目を X_1 とし，2 回目にでた目を X_2，一般に k 回目にでた目を X_k ($k = 1, 2, \ldots, n$) とする．各 X_k の分布を求め，分布がすべて一致することを確かめよ．

(3) 確率変数 X の分布が 2 項分布 $B(3, 1/3)$ という．X の分布を具体的に書き下せ．

(4) コインを n 回投げたとき，表のでる回数を X とする．X の分布を求めよ．

(5) 確率変数 X の分布がつぎの表で表わされているとする．X の平均 $E(X)$ を求めよ．

X の値	0	1	2	3	4	5	計
確率	$\frac{1}{10}$	$\frac{2}{10}$	$\frac{2}{10}$	$\frac{2}{10}$	$\frac{1}{10}$	$\frac{2}{10}$	1

(6) サイコロを2回投げる．1回目にでた目を X_1 とし，2回目にでた目を X_2 とする．$X = X_1 - X_2, Y = X_1 + X_2$ とするとき，X, Y の結合分布を求めよ．

(7) X, Y を確率変数とする．X のとる値は $0, 1, 2$ で，Y のとる値は $-1, 0, 1$ とする．確率変数 X, Y の結合分布がつぎの表で与えられている．

1	$\frac{3}{18}$	$\frac{2}{18}$	$\frac{1}{18}$
0	$\frac{2}{18}$	$\frac{2}{18}$	$\frac{2}{18}$
-1	$\frac{1}{18}$	$\frac{2}{18}$	$\frac{3}{18}$
Y＼X	0	1	2

つぎの問いに答えよ．

  (i) X の分布を求め，X の期待値 $E(X)$ を求めよ．
  (ii) Y の分布を求め，X の期待値 $E(Y)$ を求めよ．
  (iii) XY の期待値 $E(XY)$ を求めよ．

(8) 確率変数 X の分布がつぎの表で表わされているとする．X の平均 $E(X)$ と分散 $V(X)$，標準偏差 $\sigma(X)$ を求めよ．

X の値	-2	-1	0	1	2	計
確率	$\frac{1}{10}$	$\frac{2}{10}$	$\frac{3}{10}$	$\frac{3}{10}$	$\frac{1}{10}$	1

(9) サイコロを3回投げて，1回目にでた目を X_1，2回目にでた目を X_2，3回目にでた目を X_3 とする．次の問いに答えよ．

  (i) 確率変数 X_1, X_2, X_3 は独立で同じ分布をもつことを示せ．
  (ii) $Z = X_1 + X_2 + X_3$ とおく．Z の平均 $E(Z)$，分散 $V(Z)$，標準偏差 $\sigma(Z)$ を求めよ．

(10) サイコロを n 回投げて,1 回目にでた目を X_1,2 回目にでた目を X_2, 一般に k 回目にでた目を X_k とする.次の問いに答えよ.
　(i) 確率変数 $X_1, X_2, \ldots, X_n$ は独立で同じ分布をもつことを示せ.
　(ii) $Z = X_1 + X_2 + \cdots + X_n$ とおく.Z の平均 $E(Z)$,分散 $V(Z)$,標準偏差 $\sigma(Z)$ を求めよ.

(11) X, Y を確率変数とする.X のとる値は $0, 1, 2$ で,Y のとる値は $1, 2, 3$ とする.確率変数 X, Y の結合分布がつぎの表で与えられている.

3	$\frac{4}{18}$	$\frac{3}{18}$	$\frac{1}{18}$
2	$\frac{1}{18}$	$\frac{2}{18}$	$\frac{1}{18}$
1	$\frac{2}{18}$	$\frac{1}{18}$	$\frac{3}{18}$
Y \ X	0	1	2

X と Y の共分散 $C(X, Y)$ 及び相関係数 ϱ を求めよ.

(12) ○×式の試験が 10 問ある.これにすべてあてずっぽうで答えたとき,7 問以上正解である確率を求めよ.

(13) つぎの問に答えよ.
　(i) ○×式の試験が 9 問ある.これにすべてあてずっぽうで答えたとき,5 問以上正解である確率を求めよ.
　(ii) 3 択式の試験が 9 問ある.これにすべてあてずっぽうで答えたとき,5 問以上正解である確率を求めよ.

(14) 1 回の勝負が 1/5000 の確率で勝つ賭けがある.この賭けを 10000 回繰り返すとき,2 回以上勝つ確率を求めよ.

(15) 大相撲の力士でで勝率 6 割の大関がいる.つぎの問いに答えよ.
　(i) 13 日目が終わった時点で勝ち越し(8 勝以上)ている確率を求めよ.
　(ii) 12 日目が終わった時点で勝ち越している確率を求めよ.
　(iii) 11 日目が終わった時点で勝ち越している確率を求めよ.

ただし，2 項分布 $B(n, 0.6)$ の表は以下のとおりである．

k	0	1	2	3	4	5	6
$n=13$	0	0.0001	0.0011	0.0065	0.0243	0.6556	0.1312
$n=12$	0	0.0003	0.0025	0.0125	0.0420	0.1009	0.1766
$n=11$	0	0.0007	0.0052	0.0234	0.0701	0.1471	0.2207

k	7	8	9	10	11	12	13
$n=13$	0.1968	0.2214	0.1845	0.1107	0.0453	0.0113	0.0013
$n=12$	0.2270	0.2128	0.1419	0.0639	0.0174	0.0022	/
$n=11$	0.2365	0.1774	0.0887	0.0266	0.0036	/	/

第4章

情報理論などへの応用

第2章までの知識で議論できる応用例を考察する．最初の例は情報理論への応用で，情報源の情報量を表現するエントロピーについてである．第二の例では，1次元のランダムウォークについての初歩的な議論を行う．

4.1　エントロピー

シャノンが1948年に情報理論に関する論文を発表して以来，情報理論と確率論との間には深い関連があることが明らかになった．情報理論における重要な概念のひとつがエントロピーであり，またエントロピーは物理学の熱力学や統計力学でも重要な概念である．この節では確率論の応用としてエントロピーを導入しその簡単な性質を調べることにする．

定義 4.1.1. 有限集合 $\mathfrak{X} = \{x_1, x_2, \ldots, x_n\}$ とし，$\mathfrak{X}$ に値をとる確率変数を X とする．確率変数 X の $\mathfrak{X}$ での "分布" を $p_i = P(X = x_i) \quad (i = 1, 2, \ldots, n)$ とする．このとき，$H(X) = -\sum_{i=1}^{n} p_i \log p_i$ とおき，X の**エントロピー**とよぶ．ただし，対数は2を底とし $0 \log 0 = 0$ とする．

確率変数 X を情報源とみなすと，X のエントロピーは X からの情報を知ることによって得られる情報量を意味する．あるいは不確実性をもつ情報源からの情報を知ることによる "不確実性の除去 = 得られる情報量" とも解釈できる．

無限区間 $[0, \infty)$ で定義された関数 $f(t) = -t \log t$ のグラフは図のようになる.

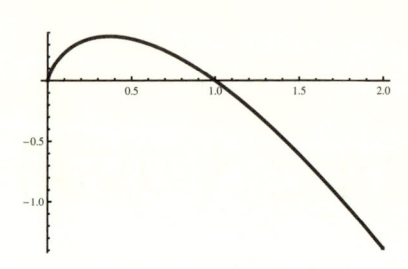

(注) $H(X) \geq 0$ である.

図 4.1: $f(t) = -t \log t$

例 4.1.1. $\mathfrak{X} = \{x_1, x_2, x_3\}$ で, $P(X = x_1) = \frac{1}{4}, P(X = x_2) = \frac{1}{4}, P(X = x_3) = \frac{1}{2}$ とする. すなわち,

X の "値"	x_1	x_2	x_3	計
確率	$\frac{1}{4}$	$\frac{1}{4}$	$\frac{1}{2}$	1

X のエントロピー $H(X)$ を求めよ.

(解)

$$\begin{aligned} H(X) &= -\{\frac{1}{4} \log \frac{1}{4} + \frac{1}{4} \log \frac{1}{4} + \frac{1}{2} \log \frac{1}{2}\} \\ &= \frac{1}{4} \log 2^2 + \frac{1}{4} \log 2^2 + \frac{1}{2} \log 2 \\ &= 2 \times \frac{1}{4} + 2 \times \frac{1}{4} + \frac{1}{2} \\ &= \frac{3}{2} \end{aligned}$$

問 4.1.1. $\mathfrak{X} = \{x_1, x_2, x_3, x_4\}$ とし, その分布を

X の "値"	x_1	x_2	x_3	x_4	計
確率	$\frac{1}{8}$	$\frac{1}{8}$	$\frac{1}{4}$	$\frac{1}{2}$	1

とする．X のエントロピー $H(X)$ を求めよ．

確率変数のエントロピーの定義と全く同様に，有限集合上の確率（分布）についても定義する．

定義 4.1.2. 有限集合 $\mathfrak{X}\{x_1, x_2, \ldots, x_n\}$ 上の確率（分布）を $p = (p_1, p_2, \ldots, p_n)$ とする．すなわち $p_i \geq 0$ $(i = 1, 2, \ldots, n)$ で $\sum_{i=1}^{n} p_i = 1$ とする．このとき**確率（分布）p のエントロピー** $H(p)$ を $H(p) = -\sum_{i=1}^{n} p_i \log p_i$ とおく．

エントロピーを定義する式などに関して，表記の仕方など書籍によっていろいろある．そのことに関する注意を以下に述べる．

（注） 有限集合 $\mathfrak{X}$ に値をとる確率変数 X のエントロピー $H(X)$ は，$H(X) = -\sum_{x \in \mathfrak{X}} p(x) \log p(x)$ とも表記することができる．ただし $p(x) = P(X = x)$ $(x \in \mathfrak{X})$ とおいた．

（注） 有限集合 $\mathfrak{X}$ に値をとる確率変数を X とする．$P(X)$ を $\mathfrak{X}$ 上の関数として，$p(x) = P(X = x)$ $(x \in \mathfrak{X})$ と見なすと，$H(X) = E(-\log P(X))$ と表示できる．ただし，この注は理解できなければ無視すること．

定義 4.1.3. 有限集合 $\mathfrak{X}$ に値をとる確率変数を X，有限集合 $\mathfrak{Y}$ に値をとる確率変数を Y とする．$H(X, Y) = -\sum_{x \in \mathfrak{X}, y \in \mathfrak{Y}} p(x, y) \log p(x, y)$ とおき，X, Y の**結合エントロピー**という．ただし，$p(x, y) = P(X = x, Y = y)$ とおく．

例 4.1.2. 有限集合 $\mathfrak{X} = \{x_1, x_2, x_3\}$ に値をとる確率変数を X とし，$\mathfrak{Y} = \{y_1, y_2\}$ に値をとる確率変数を Y とする．X, Y の結合分布をつぎの表のとおりとする．

Y＼X	x_1	x_2	x_3
y_2	$\frac{1}{18}$	$\frac{3}{18}$	$\frac{3}{18}$
y_1	$\frac{4}{18}$	$\frac{2}{18}$	$\frac{5}{18}$

この表の意味は，たとえば $p(x_2, y_1) = P(X = x_2, Y = y_1) = \frac{2}{18}$ を表わして

いるとしている．つぎの問いに答えよ．
(1) 結合エントロピー $H(X,Y)$ を求めよ．
(2) X の分布，Y の分布を求めて，エントロピー $H(X), H(Y)$ を求めよ．

(解) (1)
$$H(X,Y) = -\sum_{x\in\mathfrak{X},\, y\in\mathfrak{Y}} p(x,y) \log p(x,y)$$
$$= -\{\frac{4}{18}\log\frac{4}{18} + \frac{1}{18}\log\frac{1}{18} + \frac{2}{18}\log\frac{2}{18} + \frac{3}{18}\log\frac{3}{18}$$
$$+ \frac{5}{18}\log\frac{5}{18} + \frac{3}{18}\log\frac{3}{18}\}$$
$$= -\frac{1}{18}\times\{4\log 4 + 2\log 2 + 3\log 3 + 5\log 5 + 3\log 3$$
$$- 18\log 18\}$$
$$= -\frac{1}{18}\times\{10 + 6\log 3 + 5\log 5 - 18(2\log 3 + 1)\}$$
$$= \frac{1}{18}\times\{8 + 30\log 3 - 5\log 5\} = 2.44107$$

(2) X の分布は

X の "値"	x_1	x_2	x_3	計
確率	$\frac{5}{18}$	$\frac{5}{18}$	$\frac{8}{18}$	1

である．
$$H(X) = -\{\frac{5}{18}\log\frac{5}{18} + \frac{5}{18}\log\frac{5}{18} + \frac{8}{18}\log\frac{8}{18}\}$$
$$= -\frac{1}{18}\times\{10\log 5 + 8\log 8 - 18\log 18\}$$
$$= \frac{1}{18}\times\{36\log 3 - 6 - 10\log 5\} = 1.54663$$

Y の分布は

Y の "値"	y_1	y_2	計
確率	$\frac{11}{18}$	$\frac{7}{18}$	1

である．同様にして計算すると $H(Y) = \dfrac{1}{18}\times\{18 + 36\log 3 - 11\log 11 - 7\log 7\} = 0.964079$ である．

問 4.1.2. 有限集合 $\mathfrak{X} = \{x_1, x_2, x_3\}$ に値をとる確率変数を X とし，$\mathfrak{Y} = \{y_1, y_2\}$ に値をとる確率変数を Y とする．X, Y の結合分布をつぎの表のとおりとする．

Y \ X	x_1	x_2	x_3
y_2	$\frac{2}{12}$	$\frac{2}{12}$	$\frac{1}{12}$
y_1	$\frac{1}{12}$	$\frac{2}{12}$	$\frac{4}{12}$

つぎの問いに答えよ．
(1) 結合エントロピー $H(X, Y)$ を求めよ．
(2) X の分布，Y の分布を求めて，エントロピー $H(X), H(Y)$ を求めよ．

（注） 結合エントロピーは，$\mathfrak{X}$ と $\mathfrak{Y}$ の直積集合 $\mathfrak{X} \times \mathfrak{Y} = \{(x, y) \mid x \in \mathfrak{X}, y \in \mathfrak{Y}\}$ に値をとる確率変数 (X, Y) のエントロピーに他ならない．

あるいは視点をかえると，直積集合 $\mathfrak{X} \times \mathfrak{Y}$ 上の確率分布 $p(x, y) = P(X = x, Y = y)$, $(x, y) \in \mathfrak{X} \times \mathfrak{Y}$ のエントロピーである．

定義 4.1.4. 有限集合 $\mathfrak{X}$ に値をとる確率変数を X，有限集合 $\mathfrak{Y}$ に値をとる確率変数を Y とする．$x \in \mathfrak{X}$, $y \in \mathfrak{Y}$ とする．このとき $p(y|x) = \dfrac{p(x, y)}{p(x)}$ とおき，$X = x$ のもとでの $Y = y$ の**条件付き確率**という．

命題 4.1.1. 有限集合 $\mathfrak{X}$ に値をとる確率変数を X，有限集合 $\mathfrak{Y}$ に値をとる確率変数を Y とする．$x \in \mathfrak{X}$, $y \in \mathfrak{Y}$ とする．このとき $p(x, y) = p(x) p(y|x)$ である．

定義 4.1.5. 有限集合 $\mathfrak{X}$ に値をとる確率変数を X，有限集合 $\mathfrak{Y}$ に値をとる確率変数を Y とする．$H(Y|X) = \sum_{x \in \mathfrak{X}} p(x) \left\{ -\sum_{y \in \mathfrak{Y}} p(y|x) \log p(y|x) \right\}$ とおき，X のもとでの Y の**条件付きエントロピー**という．

（注） 明らかに $H(Y|X) \geq 0$ である．

例 4.1.3. $H(Y|X) = -\sum_{x \in \mathfrak{X}, \, y \in \mathfrak{Y}} p(x, y) \log \dfrac{p(x, y)}{p(x)}$ となることを示せ．

(解)

$$H(X,Y) = \sum_{x \in \mathfrak{X}} p(x) \left\{ -\sum_{y \in \mathfrak{Y}} p(y|x) \log p(y|x) \right\}$$

$$= -\sum_{x \in \mathfrak{X}} \sum_{y \in \mathfrak{Y}} p(x)p(y|x) \log \frac{p(x,y)}{p(x)}$$

$$= -\sum_{x \in \mathfrak{X},\, y \in \mathfrak{Y}} p(x,y) \log \frac{p(x,y)}{p(x)}$$

命題 4.1.2. 有限集合 $\mathfrak{X}$ に値をとる確率変数を X, 有限集合 $\mathfrak{Y}$ に値をとる確率変数を Y とする. このとき $H(X,Y) = H(X) + H(Y|X)$ である.

証明.

$$H(Y|X) = -\sum_{x \in \mathfrak{X},\, y \in \mathfrak{Y}} p(x,y) \log \frac{p(x,y)}{p(x)}$$

$$= -\sum_{x \in \mathfrak{X},\, y \in \mathfrak{Y}} p(x,y) \log p(x,y)p(x,y) + \sum_{x \in \mathfrak{X},\, y \in \mathfrak{Y}} p(x,y) \log p(x)$$

$$= H(X,Y) + \sum_{x \in \mathfrak{X}} \sum_{y \in \mathfrak{Y}} p(x,y) \log p(x)$$

$$= H(X,Y) + \sum_{x \in \mathfrak{X}} \{\log p(x) \sum_{y \in \mathfrak{Y}} p(x,y)\}$$

$$= H(X,Y) + \sum_{x \in \mathfrak{X}} \log p(x) p(x)$$

$$= H(X,Y) - H(X)$$

となり, $H(Y|X) = H(X,Y) - H(X)$ を得る. したがって, $H(X,Y) = H(X) + H(Y|X)$ である. □

相対エントロピーと相互情報量を議論するために, つぎの不等式 (対数和不等式) を紹介する.

命題 4.1.3. (対数和不等式) 正の数 $a_i,\ b_i > 0\ (i=1,2,\ldots,n)$ とする. このとき $\sum_{i=1}^{n} a_i \log \frac{a_i}{b_i} \geq \left(\sum_{i=1}^{n} a_i \right) \log \left(\frac{\sum_{i=1}^{n} a_i}{\sum_{i=1}^{n} b_i} \right)$ である. さらに等号が成立 $\iff a_i = b_i\ (i=1,2,\ldots,n)$ である.

4.1. エントロピー

定義 4.1.6. 有限集合 $\mathfrak{X} = \{x_1, x_2, \ldots, x_n\}$ 上の 2 つの確率分布を $p = (p_1, p_2, \ldots, p_n), q = (q_1, q_2, \ldots, q_n)$ とする．$D(p\|q) = \sum_{i=1}^n p_i \log \frac{p_i}{q_i}$ とおき，**相対エントロピー**という．

命題 4.1.4. 有限集合 $\mathfrak{X} = \{x_1, x_2, \ldots, x_n\}$ 上の 2 つの確率分布を $p = (p_1, p_2, \ldots, p_n), q = (q_1, q_2, \ldots, q_n)$ とする．このとき
(1) $D(p\|q) \geq 0$ である．
(2) $D(p\|q) = 0 \iff p = q$ （すなわち $p_i = q_i$ $(i = 1, 2, \ldots, n)$）

証明． 対数和不等式，命題 4.1.3 より
$$D(p\|q) = \sum_{i=1}^n p_i \log \frac{p_i}{q_i} \geq \left(\sum_{i=1}^n p_i\right) \log \left(\frac{\sum_{i=1}^n p_i}{\sum_{i=1}^n q_i}\right)$$
$$= 1 \times \log 1 = 0$$

となるから，$D(p\|q) \geq 0$ である． □

例 4.1.4. 2 つの確率分布 $p = (0, 0, \frac{1}{4}, \frac{1}{4}, \frac{1}{2})$, $q = (\frac{1}{8}, 0, \frac{1}{8}, \frac{2}{8}, \frac{4}{8})$ とする．相対エントロピー $D(p\|q)$ を求めよ．

（解）
$$D(p\|q) = 0 \times \log \frac{0}{\frac{1}{8}} + 0 \times \log \frac{0}{0} + \frac{1}{4} \times \log \frac{\frac{1}{4}}{\frac{1}{8}} + \frac{1}{4} \times \log \frac{\frac{1}{4}}{\frac{2}{8}} + \frac{1}{2} \times \log \frac{\frac{1}{2}}{\frac{4}{8}}$$
$$= \frac{1}{4} \log 4 = \frac{1}{2}$$

問 4.1.3. 2 つの確率分布 $p = (\frac{1}{4}, \frac{1}{4}, \frac{1}{2})$, $q = (\frac{1}{2}, \frac{1}{4}, \frac{1}{4})$ とする．相対エントロピー $D(p\|q)$ を求めよ．

定義 4.1.7. 有限集合 $\mathfrak{X}$ に値をとる確率変数を X，有限集合 $\mathfrak{Y}$ に値をとる確率変数を Y とする．X の分布を $p(x) = P(X = x)$ $(x \in \mathfrak{X})$ とし，Y の分布を $p(y) = P(Y = y)$ $(y \in \mathfrak{Y})$ とする．また，X, Y による $\mathfrak{X} \times \mathfrak{Y}$ 上の結合分布を $p(x, y) = P(X = x, Y = y)$ $(x \in \mathfrak{X},\, y \in \mathfrak{Y})$ とする．
このとき，相対エントロピー
$$D\left(p(x, y) \,\|\, p(x)p(y)\right) = \sum_{x \in \mathfrak{X},\, y \in \mathfrak{Y}} p(x, y) \log \frac{p(x, y)}{p(x)p(y)}$$

を X, Y の**相互情報量**といい, $I(X;Y)$ と書く.

命題 4.1.4 より相対エントロピーが非負であることと, $I(X;Y)$ の定義より明らかにつぎの命題を得る.

命題 4.1.5. 確率変数 X, Y とする. このとき
(1) $I(X;Y) = I(Y;X)$ である.
(2) $I(X;Y) \geq 0$ であり, さらに $I(X;Y) = 0 \iff X, Y$ は独立 である.

命題 4.1.6. 確率変数 X, Y とする. このとき
(1) $H(X,Y) = H(X) + H(Y) - I(X;Y)$ である.
(1) $I(X;Y) = H(X) - H(X|Y) = H(Y) - H(Y|X)$ である.

証明. (1) の証明.

$$\begin{aligned}
I(X;Y) &= \sum_{x \in \mathfrak{X},\, y \in \mathfrak{Y}} p(x,y) \log \frac{p(x,y)}{p(x)p(y)} \\
&= \sum_{x \in \mathfrak{X},\, y \in \mathfrak{Y}} p(x,y) \log p(x,y) \\
&\quad - \sum_{x \in \mathfrak{X},\, y \in \mathfrak{Y}} p(x,y) \log p(x) - \sum_{x \in \mathfrak{X},\, y \in \mathfrak{Y}} p(x,y) \log p(y) \\
&= -H(X,Y) - \sum_{x \in \mathfrak{X}} \log p(x) \sum_{y \in \mathfrak{Y}} p(x,y) - \sum_{y \in \mathfrak{Y}} \log p(y) \sum_{x \in \mathfrak{X}} p(x,y) \\
&= -H(X,Y) - \sum_{x \in \mathfrak{X}} \log p(x) p(x) - \sum_{y \in \mathfrak{Y}} \log p(y) p(y) \\
&= -H(X,Y) + H(X) + H(Y)
\end{aligned}$$

となる. したがって, $I(X;Y) = H(X) + H(Y) - H(X,Y)$ を得る.
(2) の証明. $H(X,Y) = H(X) + H(Y|X) = H(Y) + H(X|Y)$ であることと (1) の結果より $H(X) + H(Y|X) = H(X) + H(Y) - I(X;Y)$ となり $I(X;Y) = H(Y) - H(Y|X)$ を得る. $I(X;Y) = H(X) - H(X|Y)$ も同様にして示せる. □

これまでの結果を整理するとつぎの定理を得ることができる.

定理 4.1.1. 有限集合 $\mathfrak{X}$ に値をとる確率変数を X, 有限集合 $\mathfrak{Y}$ に値をとる確率変数を Y とする. このとき
(1) $H(X,Y) = H(X) + H(Y|X) = H(Y) + H(X|Y)$
(2) $H(X,Y) = H(X) + H(Y) - I(X;Y)$
(3) $I(X;Y) = H(X) - H(X|Y) = H(Y) - H(Y|X)$
(4) $0 \leq H(Y|X) \leq H(Y)$
(5) $I(X;Y) \geq 0$ であり, さらに $I(X;Y) = 0 \iff X, Y$ は独立
(6) $0 \leq H(X), H(Y) \leq H(X,Y) \leq H(X) + H(Y)$

4.2　1次元のランダムウォーク

　数直線上の整数の点, すなわち $\ldots, -2, -1, 0, 1, 2, \ldots$ を動く問題を考える. 数直線上の原点 0 から出発して, コインを投げて表がでれば右へ 1 移動し, 裏がでれば左へ 1 移動する. これをつぎつぎと繰り返す.

　たとえば, 表, 表, 裏, 表, 裏, 表がでたとすると, 数直線上を原点から出発して $0 \to 1 \to 2 \to 1 \to 2 \to 1 \to 2$ というように移動して現時点では座標 2 の場所に位置していることになる.

　本節ではランダムウォークとよばれるこのような問題について, 前章までの知識を使って議論しよう. 具体的には第 n ステップ後の位置がどのようになるかを考えることにする. このランダムウォークを**単純ランダムウォーク**という.

例 4.2.1. コインを 9 回投げたとき, {表, 表, 裏, 表, 裏, 表, 裏, 表, 裏} とでた. 原点から出発したとき, 第 9 回目の直後はどの場所にいるかを述べよ.

(解) 途中の経過を述べると $0 \to 1 \to 2 \to 1 \to 2 \to 1 \to 2 \to 1 \to 2 \to 1$ であるから, 座標 1 の場所にいる. 計算によれば表が 5 回, 裏が 4 回でているから $5 - 4 = 1$ により, 座標 1 の場所にいることがわかる.

問 4.2.1. コインを 9 回投げたとき, {表, 裏, 表, 表, 表, 裏, 表, 表, 裏} とでた. 原点から出発したとき, 第 9 回目の直後はどの場所にいるかを述べよ.

　1 次元のランダムウォーク を数学的に定式化する. 確率変数の列 $X_1, X_2, \ldots, X_n, \ldots$ が独立で, 各確率変数 X_n は同じ分布 $P(X_n = 1) = P(X_n = $

$-1) = 1/2$ であるとする．この確率変数の列がランダムウォークを表現していると考えられる．

分布を表であらわすと

X_n の値	-1	1	計
確率	$\frac{1}{2}$	$\frac{1}{2}$	1

である．

(**注**) $i \neq j$ のとき，X_i と X_j とは独立だから，命題 3.2.5 により $E(X_i X_j) = E(X_i)E(X_j)$ となる．また $E(X_i) = 0, E((X_i)^2) = 1$, $V(X_i) = 1$ である．実際 $E((X_i)^2) = (-1)^2 \times 1/2 + 1^2 \times 1/2 = 1$ である．

X_n の値が 1 のとき右へ 1 だけ移動し，-1 のとき左へ 1 だけ移動するものと解釈すると，これは 1 次元のランダムウォークを表現していると見なせる．確率変数の和を $S_n = \sum_{i=1}^n X_i$ とおくと，S_n は n ステップ後の位置を表わす．したがって S_n^2 は n ステップ後の原点からの距離の 2 乗を表わす．

命題 4.2.1. 確率変数の列 $X_1, X_2, \ldots, X_n, \ldots$ が独立で，同じ分布 $P(X_n = 1) = P(X_n = -1) = 1/2$ であるとする．$S_n = \sum_{i=1}^n X_i$ とおくとき，$E(S_n) = 0, V(S_n) = n$ であり $E(S_n^2) = n$, $\sqrt{E(S_n^2)} = \sqrt{n}$ である．

証明． $E(S_n) = E(\sum_{i=1}^n X_i) = \sum_{i=1}^n E(X_i) = 0$ である．また $X_1, \ldots, X_n$ が独立だから命題 3.2.5 により $V(S_n) = V(\sum_{i=1}^n X_i) = \sum_{i=1}^n V(X_i) = n$ となる．

つぎに $E(S_n^2) = n$ を示す．式の変形の際，上の注を使用している．

$$E(S_n^2) = E\left((\sum_{i=1}^n X_i)^2\right) = E\left((\sum_{i=1}^n X_i)(\sum_{j=1}^n X_i)\right)$$
$$= E\left(\sum_{i=1}^n \sum_{j=1}^n X_i X_j\right) = \sum_{i=1}^n \sum_{j=1}^n E(X_i X_j)$$
$$= \sum_{i=1}^n E(X_i^2) = \sum_{i=1}^n 1 = n$$

となる.したがって,$E(S_n^2) = n$, $\sqrt{E(S_n^2)} = \sqrt{n}$ である.　　　□

この命題により,n ステップ後の原点からの距離はおおよそ $\sqrt{n}$ であることが分かった.

例 4.2.2. 出発点が原点である単純ランダムウォークにおいて,10 ステップ後の位置を S_{10} とおくとき,$E(S_{10}^2)$ の値はいくらか.

(解) 命題 4.2.1 により,$E(S_{10}^2) = 10$ である.

左右の対象性のあるランダムウォークについて議論したが,つぎに異方性のある**ランダムウォーク**について述べよう.数直線上を原点から出発して座標が整数である場所を移動することには変わりはないが,移動しないこともあり得ることや右に移動する確率と左に移動する確率が異なる問題を考える.

原点から出発して,確率 p_1 で右に 1 だけ移動し,確率 p_{-1} で左に 1 だけ移動し,確率 p_0 でその場所にとどまるものとする.つぎつぎとこのことを繰り返して,n ステップ後の原点からの距離の 2 乗の平均を求めよう.

このランダムウォークを数学的に定式化する.確率変数の列 $X_1, X_2, \ldots, X_n, \ldots$ が独立で,各確率変数 X_n は同じ分布 $P(X_n = 1) = p_1, P(X_n = -1) = p_{-1}, P(X_n = 0) = p_0$ であるとする.この分布を表であらわすと

X_n の値	-1	0	1	計
確率	p_{-1}	p_0	p_1	1

である.

(注) $i \neq j$ のとき,X_i と X_j とは独立だから,命題 3.2.5 により $E(X_i X_j) = E(X_i) E(X_j)$ となる.また $E((X_i)^2) = p_1 + p_{-1} = 1 - p_0$ である.
実際 $E((X_i)^2) = (-1)^2 \times p_{-1} + 0^2 \times p_0 + 1^2 \times p_1 = p_1 + p_{-1}$ である.

命題 4.2.2. 確率変数の列 $X_1, X_2, \ldots, X_n, \ldots$ が独立で,同じ分布 $P(X_n = 1) = p_1, P(X_n = -1) = p_{-1}, P(X_n = 0) = p_0$ であるとする.$S_n = \sum_{i=1}^n X_i$ とおくとき,$E(S_n^2) = n(1 - p_0)$, $\sqrt{E(S_n^2)} = \sqrt{n(1 - p_0)}$ である.

証明. 式の変形の際,上の注を使用している.

$$E(S_n^2) = E\left((\sum_{i=1}^n X_i)^2\right) = E\left((\sum_{i=1}^n X_i)(\sum_{j=1}^n X_i)\right)$$

$$= E\left(\sum_{i=1}^n \sum_{j=1}^n X_i X_j\right) = \sum_{i=1}^n \sum_{j=1}^n E(X_i X_j)$$

$$= \sum_{i=1}^n E(X_i^2) = \sum_{i=1}^n (1-p_0) = n(1-p_0)$$

となる.したがって,$E(S_n^2) = n(1-p_0)$, $\sqrt{E(S_n^2)} = \sqrt{n(1-p_0)}$ である. □

(注) 中心極限定理の系 6.1.1 により,単純ランダムウォークにおいて S_n の分布は $S_n \approx N(0, \sqrt{n}^2)$ と近似できる.

練習問題

(1) $\mathfrak{X} = \{x_1, x_2, x_3 x_4\}$ とし,その分布を

X の"値"	x_1	x_2	x_3	x_4	計
確率	$\frac{1}{8}$	$\frac{1}{8}$	$\frac{1}{4}$	$\frac{1}{2}$	1

とする.X のエントロピー $H(X)$ を求めよ.

(2) 有限集合 $\mathfrak{X} = \{x_1, x_2, x_3\}$ に値をとる確率変数を X とし,$\mathfrak{Y} = \{y_1, y_2\}$ に値をとる確率変数を Y とする.X, Y の結合分布をつぎの表のとおりとする.

Y \ X	x_1	x_2	x_3
y_2	$\frac{2}{12}$	$\frac{2}{12}$	$\frac{1}{12}$
y_1	$\frac{1}{12}$	$\frac{2}{12}$	$\frac{4}{12}$

つぎの問に答えよ.
 (i) 結合エントロピー $H(X, Y)$ を求めよ.
 (ii) X の分布,Y の分布を求めて,エントロピー $H(X), H(Y)$ を求めよ.

(3) 2つの確率分布 $p = (\frac{1}{4}, \frac{1}{4}, \frac{1}{2})$, $q = (\frac{1}{2}, \frac{1}{4}, \frac{1}{4})$ とする. 相対エントロピー $D(p||q)$ を求めよ.

(4) コインを9回投げたとき, {表, 裏, 表, 表, 表, 裏, 表, 表, 裏} とでた. 原点から出発したとき, 第9回目の直後はどの場所にいるかを述べよ.

第5章

連続型の確率変数

確率変数のとる値が，離散的なとびとびの値ではなく連続的なベターとした値をとるとき，確率変数を連続型の確率変数という．

5.1 密度関数，平均，分散

連続型の確率変数 X とする．$(-\infty, \infty)$ 上の関数 $f(x)$ が以下の条件をみたすとき，$f(x)$ を X の**密度関数**という．

$P(a < X \leq b) = \int_a^b f(x)dx$ となる．ただし，$P(a < X \leq b)$ は X が a より大きくかつ b 以下の値をとる確率を表わす．

この図は，確率変数 X の密度関数 $f(x) = \dfrac{1}{\sqrt{2\pi}10}\exp^{-\frac{(x-50)^2}{2\cdot 10^2}}$ のとき，X

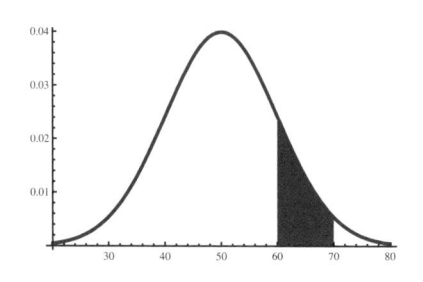

図 5.1: $f(x) = \dfrac{1}{\sqrt{2\pi}10}\exp^{-\frac{(x-50)^2}{2\cdot 10^2}}$

が 60 より大きく 70 以下の値をとる確率 $P(60 < X \leq 70)$ が，斜線の部分の面積になることを示している．

命題 5.1.1. $(-\infty, \infty)$ 上の関数 $f(x)$ が確率変数 X の密度関数であるとする．このとき，

(1) $f(x) \geq 0$

(2) $\displaystyle\int_{-\infty}^{\infty} f(x)dx = 1$

証明． (2). $\displaystyle\int_{-\infty}^{\infty} f(x)dx = P(-\infty < X < \infty) = 1$ より． □

連続型の確率変数 X に対して，X が x 以下の値をとる確率 $P(-\infty < X \leq x)$ を $F(x) = P(-\infty < X \leq x)$ とおき，X の**分布関数**という．分布関数は単調増加で右側連続などの性質をもつ．

命題 5.1.2. $F(x)$ を確率変数 X の分布関数とする．

(1) $\displaystyle\lim_{x \to -\infty} F(x) = 0,\ \lim_{x \to \infty} F(x) = 1$

(2) $a \leq b \Longrightarrow F(a) \leq F(b)$

(3) $\displaystyle\lim_{h>0, h \to 0} F(x+h) = F(x)$

証明． (1) $\displaystyle\lim_{x \to -\infty} F(x) = P(\emptyset) = 0,\ \lim_{x \to \infty} F(x) = P(全事象) = 1$

(2) $a \leq b$ とする．$(-\infty, a] \subset (-\infty, b]$ だから $F(a) = P(-\infty < X \leq a) \leq P(-\infty < X \leq b) = F(b)$

(3) $h > 0$ とする．$F(x+h) - F(x) = P(-\infty < X \leq x+h) - P(-\infty < X \leq x) = P(x < X \leq x+h)$ で $\displaystyle\bigcap_{h>0}(x, x+h] = \emptyset$ だから $\displaystyle\lim_{h>0, h \to 0}(F(x+h) - F(x)) = 0$ となる．すなわち，$\displaystyle\lim_{h>0, h \to 0} F(x+h) = F(x)$ となる． □

密度関数と分布関数との関係を求めよう．

命題 5.1.3. 確率変数 X の密度関数を $f(x)$，分布関数を $F(x)$ とする．

(1) $F(x) = \displaystyle\int_{-\infty}^{x} f(t)dt$

(2) 密度関数 $f(x)$ が連続ならば $F'(x) = f(x)$

証明. (1) $F(x) = P(-\infty < X \leq x) = \int_{-\infty}^{x} f(t)dt$ となる.

(2) $F(x) = \int_{-\infty}^{x} f(t)dt$ だから，$f(x)$ が連続ならば，微積分の基本公式より $F'(x) = f(x)$ である. □

例 5.1.1. 確率変数 X の密度関数 $f(x)$ が以下のようなものであるとき，X の分布は**一様分布** $U(a,b)$ であるという.

$$f(x) = \begin{cases} \frac{1}{b-a} & (a \leq x \leq b) \\ 0 & (それ以外のとき) \end{cases}$$

一様分布 $U(a,b)$ の分布関数 $F(x)$ を求めよ.

(解) $x < a$ のとき，$F(x) = \int_{-\infty}^{x} f(t)dt = \int_{-\infty}^{x} 0\, dt = 0$ である.
つぎに $a \leq x \leq b$ のとき，

$$F(x) = \int_{-\infty}^{x} f(t)dt = \int_{-\infty}^{a} f(t)dt + \int_{a}^{x} f(t)dt = 0 + \int_{a}^{x} \frac{1}{b-a}dt = \frac{x-a}{b-a}$$

を得る．$b < x$ のときは，

$$F(x) = \int_{-\infty}^{x} f(t)dt = \int_{-\infty}^{a} f(t)dt + \int_{a}^{b} f(t)dt + \int_{b}^{x} f(t)dt$$
$$= 0 + 1 + 0 = 1$$

となる．整理すると

$$F(x) = \begin{cases} 0 & (a < x \text{ のとき}) \\ \frac{x-a}{b-a} & (a \leq x \leq b \text{ のとき}) \\ 1 & (b < x \text{ のとき}) \end{cases}$$

となる.

命題 5.1.4. 確率変数 X の密度関数を $f(x)$ とする．定数 $a \neq 0, b$ とする．このとき $Y = aX + b$ の密度関数 $g(x)$ は $g(x) = \frac{1}{|a|} f\left(\frac{x-b}{a}\right)$ である.

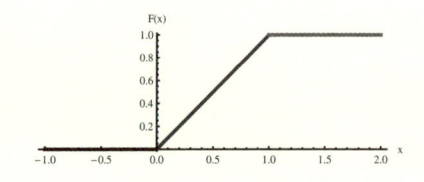

図 5.2: 一様分布 $U(0,1)$ の分布関数

証明． $\alpha < \beta$ とする．$a > 0$ の場合．

$$P(\alpha < Y \leq \beta) = P(\alpha < aX + b \leq \beta)$$
$$= P\left(\frac{\alpha - b}{a} < X \leq \frac{\beta - b}{a}\right)$$
$$= \int_{\frac{\alpha-b}{a}}^{\frac{\beta-b}{a}} f(x) dx$$
$$= \int_{\alpha}^{\beta} \frac{1}{a} f\left(\frac{t-b}{a}\right) dt$$

となる．したがって，$g(x) = \dfrac{1}{a} f\left(\dfrac{x-b}{a}\right)$ である．$a < 0$ の場合もほぼ同様にして，$g(x) = \dfrac{1}{-a} f\left(\dfrac{x-b}{a}\right)$ が示せる． □

定義 5.1.1. 確率変数 X の密度関数を $f(x)$ とする．
(1) $\int_{-\infty}^{\infty} |x| f(x) dx < \infty$ のとき，$E(X) = \int_{-\infty}^{\infty} x f(x) dx$ とおき X の**平均（期待値）**という．
(2) $V(X) = \int_{-\infty}^{\infty} (x - E(X))^2 f(x) dx$ とおき，X の**分散**という．
$\sigma(X) = \sqrt{V(X)}$ とおき，X の**標準偏差**という．

（注） 上の定義の意味を述べる．x が値で $f(x)dx$ が "その範囲にある値の確率" を表わしているので，$xf(x)dx$ は "値 × その範囲にある確率" をあらわし積分 $\int$ が "足し合わせ" となっている．したがって，離散型の確率変数の平均と本質的には同じである．また，分散は平均からどれだけばらついているかそのバラツキの程度を表現している．

定義 5.1.2. 確率変数 X の密度関数を $f(x)$ とする．$(-\infty, \infty)$ 上の関数 $g(x)$ に対して $\int_{-\infty}^{\infty} g(x)f(x)dx$ を $E(g(X))$ と書く．

離散型の確率変数の場合と同様につぎのことが成り立つ．

命題 5.1.5. 確率変数 X, Y とし，定数 a, b とする．
(1) $E(X+Y) = E(X) + E(Y)$
(2) $E(aX+b) = aE(X) + b$
(3) $V(X) = \int_{-\infty}^{\infty} x^2 f(x)dx - E(X)^2 = E(X^2) - E(X)^2$

証明. (2) の証明．$a > 0$ の場合．X の密度関数を $f(x)$ とすると，$aX+b$ の密度関数 $g(x)$ は $g(x) = \dfrac{1}{a} f\left(\dfrac{x-b}{a}\right)$ であるから

$$\begin{aligned}
E(aX+b) &= \int_{-\infty}^{\infty} x \frac{1}{a} f\left(\frac{x-b}{a}\right) dx \\
&= \frac{1}{a} \int_{-\infty}^{\infty} (at+b)f(t) a\, dt \\
&= a \int_{-\infty}^{\infty} tf(t)dt + b \int_{-\infty}^{\infty} dt \\
&= aE(X) + b
\end{aligned}$$

となる．$a < 0$ の場合も同様にして示せる．
(3) の証明．

$$\begin{aligned}
V(X) &= \int_{-\infty}^{\infty} (x-E(X))^2 f(x)dx \\
&= \int_{-\infty}^{\infty} (x^2 - 2E(X)x + E(X)^2)f(x)dx \\
&= \int_{-\infty}^{\infty} x^2 f(x)dx - 2E(X) \int_{-\infty}^{\infty} xf(x)dx + E(X)^2 \int_{-\infty}^{\infty} f(x)dx \\
&= \int_{-\infty}^{\infty} x^2 f(x)dx - 2E(X)E(X) + E(X)^2 \\
&= \int_{-\infty}^{\infty} x^2 f(x)dx - E(X)^2
\end{aligned}$$

を得る．
(1) は結合分布の議論の後で証明する． □

例 5.1.2. X の分布が一様分布 $U(a,b)$ であるとき，X の平均 $E(X)$，分散 $V(X)$，標準偏差 $\sigma(X)$ を求めよ．

(解)

$$\begin{aligned}
E(X) &= \int_{-\infty}^{\infty} xf(x)dx \\
&= \int_{-\infty}^{a} xf(x)dx + \int_{a}^{b} xf(x)dx + \int_{b}^{\infty} xf(x)dx \\
&= \int_{a}^{b} x\frac{1}{b-a}dx \\
&= \frac{1}{b-a}\left[\frac{1}{2}x^2\right]_{a}^{b} = \frac{a+b}{2}
\end{aligned}$$

したがって，$E(X) = (a+b)/2$ である．

$$\begin{aligned}
E(X^2) &= \int_{-\infty}^{\infty} x^2 f(x)dx \\
&= \int_{-\infty}^{a} x^2 f(x)dx + \int_{a}^{b} x^2 f(x)dx + \int_{b}^{\infty} x^2 f(x)dx \\
&= \int_{a}^{b} x^2 \frac{1}{b-a}dx = \frac{1}{b-a}\left[\frac{1}{3}x^3\right]_{a}^{b} \\
&= \frac{1}{b-a}\frac{b^3-a^3}{3} = \frac{a^2+ab+b^2}{3}
\end{aligned}$$

となる．$V(X) = E(X^2) - E(X)^2$ より

$$\begin{aligned}
V(X) &= E(X^2) - E(X)^2 \\
&= \frac{a^2+ab+b^2}{3} - \left(\frac{a+b}{2}\right)^2 \\
&= \frac{(b-a)^2}{12}
\end{aligned}$$

したがって，$V(X) = (b-a)^2/12$ である．$\sigma(X) = \sqrt{V(X)} = (b-a)/(2\sqrt{3})$ である．$b-a$ が大きければ大きい程，分散・標準偏差が大きくなり，平均からのバラツキの程度を表わす量であるという直観的な意味と一致することがわかる．

例 5.1.3. 確率変数 X の密度関数 $f(x)$ が次の式で与えられている．このとき $E(X), V(X)$ を求めよ．

$$f(x) = \begin{cases} 0 & (x < 0) \\ 2x & (0 \leq x \leq 1) \\ 0 & (1 < x) \end{cases}$$

（解）

$$\begin{aligned} E(X) &= \int_{-\infty}^{\infty} xf(x)dx \\ &= \int_{-\infty}^{0} xf(x)dx + \int_{0}^{1} xf(x)dx + \int_{1}^{\infty} xf(x)dx \\ &= \int_{0}^{1} x \times 2x\, dx = \left[\frac{2}{3}x^3\right]_{0}^{1} = \frac{2}{3} \end{aligned}$$

より $E(X) = \frac{2}{3}$ である．$E(X^2)$ を求める．

$$\begin{aligned} E(X^2) &= \int_{-\infty}^{\infty} x^2 f(x)dx \\ &= \int_{-\infty}^{0} x^2 f(x)dx + \int_{0}^{1} x^2 f(x)dx + \int_{1}^{\infty} x^2 f(x)dx \\ &= \int_{0}^{1} x^2 \times 2x\, dx = \left[\frac{1}{2}x^4\right]_{0}^{1} = \frac{1}{2} \end{aligned}$$

だから $E(X^2) = \frac{1}{2}$ となる．$V(X) = E(X^2) - E(X)^2 = \frac{1}{2} - (\frac{2}{3})^2 = \frac{1}{18}$ を得る．

問 5.1.1. 確率変数 X の密度関数 $f(x)$ が次の式で与えられている．このとき $E(X), V(X)$ を求めよ．

$$f(x) = \begin{cases} 0 & (x < -1) \\ \frac{3}{2}x^2 & (-1 \leq x \leq 1) \\ 0 & (1 < x) \end{cases}$$

例 5.1.4. 市営バスは 10 分間隔でバスを運行している．バスの時刻を知らない人がバス停に行ったとき，平均どれくらい待つか．またその分散と標準偏差を求めよ

(解) 待つ時間を X とおくと，X は一様分布で，X の密度関数を $f(x)$ とするとつぎのようになる．

$$f(x) = \begin{cases} \frac{1}{10} & (0 \leq x \leq 10) \\ 0 & (それ以外のとき) \end{cases}$$

一般論で示したことより，$E(X) = 10/2 = 5$ であるから平均 5 分間待つ．$V(X) = (10-0)^2/12 = 25/3$ を得る．標準偏差 $\sigma(X) = \sqrt{V(X)} = \sqrt{25/3} = 5\sqrt{3}/3 = 2.89$ 分 である．

(注) この問題で $(0 \leq)\, a$ 分以上 $b\,(\leq 10)$ 分以下待つ確率は $\displaystyle\int_a^b f(x)dx = \frac{b-a}{10}$ である．

定義 5.1.3. 確率変数 X, Y とする．任意の 2 つの区間 $(a, b], (c, d]$ に対して，X が a より大きく b 以下の値をとり，かつ Y が c より大きく d 以下の値をとる確率 $P(a < X \leq b, c < Y \leq d)$ が

$$P(a < X \leq b, c < Y \leq d) = P(a < X \leq b)P(c < Y \leq d)$$

となるとき，X と Y は**独立**であるという．

独立な確率変数の関数もまた独立になることが示せる．

命題 5.1.6. 確率変数 X, Y が独立とする．実数全体の集合 R 上の関数 $f(x), g(x)$ とする．このとき確率変数 $f(X), g(Y)$ は独立となる．

証明. 任意の 2 つの区間 $(a, b], (c, d]$ とする．

$$\begin{aligned} P(a < f(X) \leq b, c < g(Y) \leq d) &= P(f(X) \in (a, b], g(Y) \in (c, d]) \\ &= P(X \in f^{-1}(a, b], Y \in g^{-1}(c, d]) \\ &= P(X \in f^{-1}(a, b])P(Y \in g^{-1}(c, d]) \\ &= P(a < f(X) \leq b)P(c < g(Y) \leq d) \end{aligned}$$

となる．したがって，$f(X), g(Y)$ は独立である． □

離散型の確率変数の場合と同様につぎのことが成り立つ．

命題 5.1.7. X, Y を確率変数，a, b を定数とする．このとき
(1) $V(aX + b) = a^2 V(X)$
(2) X と Y が独立とする．このとき
$$E(XY) = E(X)E(Y), \quad V(X + Y) = V(X) + V(Y)$$

証明． (1) の証明．
$$\begin{aligned} V(aX + b) &= E((aX + b)^2) - E(aX + b)^2 \\ &= E(a^2 X^2 + 2abX + b^2) - (aE(X) + b)^2 \\ &= (a^2 E(X^2) + 2abE(X) + b^2) - (a^2 E(X)^2 + 2abE(X) + b^2) \\ &= a^2 (E(X^2) - E(X)^2) \\ &= a^2 V(X) \end{aligned}$$

となる．(2) は結合分布の議論の後で証明する． □

定義 5.1.4. 2つの確率変数 X, Y に対して，2変数の関数 $h(x, y)$ が次の条件を満たすとき，X と Y の **結合分布** の（確率）密度関数という．

任意の2つの区間 $(a, b], (c, d]$ に対して

$$P(a < X \leq b, c < Y \leq d) = \int_a^b \int_c^d h(x, y) dx dy$$

となる．

また，X の密度関数 $f(x)$ すなわち $P(a < X \leq b) = \int_a^b f(x) dx$，$Y$ の密度関数 $g(y)$ すなわち $P(c < Y \leq d) = \int_c^d g(y) dy$ を **周辺分布** の密度関数という．

命題 5.1.8. 確率変数 X, Y の結合分布の密度関数を $h(x, y)$ とする．このとき
(1) 周辺分布 X の密度関数 $f(x)$ は $f(x) = \int_{-\infty}^{\infty} h(x, y) dy$ である．
(2) 周辺分布 Y の密度関数 $g(y)$ は $g(y) = \int_{-\infty}^{\infty} h(x, y) dx$ である．

証明. (1) の証明. Y については実際には条件をつけていないことから，$P(a < X \leq b) = P(a < X \leq b, -\infty < Y < \infty)$ が成り立つことに注意すると，

$$P(a < X \leq b) = P(a < X \leq b, -\infty < Y < \infty) = \int_a^b \int_{-\infty}^{\infty} h(x,y) dy$$

となる．このことより，X の密度関数 $f(x)$ は $f(x) = \int_{-\infty}^{\infty} h(x,y) dy$ となる． □

例 5.1.5. 確率変数 X, Y の結合分布の密度関数を

$$h(x,y) = \begin{cases} 2 & (0 < x \leq y < 1 \text{ のとき}) \\ 0 & (\text{それ以外}) \end{cases}$$

とする．以下の問いに答えよ．
(1) $h(x,y)$ が密度関数の条件を満たすことを確かめよ．
すなわち，$h(x,y) \geq 0$ で $\int_{-\infty}^{\infty} \int_{-\infty}^{\infty} h(x,y) = 1$ であることを確かめよ．
(2) 周辺分布の密度関数を求めよ．

(解) (1). $h(x,y)$ が 0 でない領域を D とすると，D は三角形 $D = \{(x,y) \mid 0 < x < 1, x \leq y < 1\}$ であり，D の面積は $\frac{1}{2}$ だから $\int_{-\infty}^{\infty} \int_{-\infty}^{\infty} h(x,y) = 2 \times \frac{1}{2} = 1$ である．
(2) 周辺分布 X の密度関数を $f(x)$ とする．$f(x) = \int_{-\infty}^{\infty} h(x,y) dy$ より求める．$x \leq 0$ および $1 \leq x$ では $h(x,y) \equiv 0$ だから $f(x) = 0$ である．$0 < x < 1$ では

$$f(x) = \int_{-\infty}^{\infty} h(x,y) dy = \int_{-\infty}^{x} h(x,y) dy + \int_x^1 h(x,y) dy + \int_1^{\infty} h(x,y) dy$$
$$= \int_x^1 2 dy = 2(1-x)$$

となる．整理すると

$$f(x) = \begin{cases} 0 & (x \leq 0 \text{ のとき}) \\ 2(1-x) & (0 < x < 1 \text{ のとき}) \\ 0 & (1 \leq x \text{ のとき}) \end{cases}$$

を得る．同様にして，Y の密度関数を $g(y)$ とすると，

$$g(y) = \begin{cases} 0 & (y \leq 0 \text{ のとき}) \\ 2y & (0 < y < 1 \text{ のとき}) \\ 0 & (1 \leq y \text{ のとき}) \end{cases}$$

となる．

問 5.1.2. 確率変数 X, Y の結合分布の密度関数を

$$h(x, y) = \begin{cases} x^2 y & (0 < x < 1,\ 0 < y < \sqrt{6} \text{ のとき}) \\ 0 & (\text{それ以外}) \end{cases}$$

とする．以下の問いに答えよ．
(1) $h(x, y)$ が密度関数の条件を満たすことを確かめよ．
(2) 周辺分布の密度関数を求めよ．

命題 5.1.9. 確率変数 X, Y とする．X の密度関数が $f(x)$，Y の密度関数が $g(y)$ とし，X と Y の結合分布の密度関数を $h(x, y)$ とする．
X と Y が独立ならば $h(x, y) = f(x)g(y)$ である．

証明． 任意の 2 つの区間 $(a, b], (c, d]$ に対して

$$\int_a^b \int_c^d h(x, y) dx dy = P(a < X \leq b, c < Y \leq d)$$
$$= P(a < X \leq b) P(c < Y \leq d)$$
$$= \int_a^b f(x) dx \int_c^d g(y) dy$$
$$= \int_a^b \int_c^d f(x) g(y) dx dy$$

となる．したがって $h(x, y) = f(x)g(y)$ を得る． □

定義 5.1.5. 確率変数 X, Y とする．X と Y の結合分布の密度関数を $h(x, y)$ とする．2 変数の関数 $f(x, y)$ に対して $E(f(X, Y)) = \int_{-\infty}^{\infty} \int_{-\infty}^{\infty} f(x, y) h(x, y) dx dy$ とおく．

証明．命題 5.1.5(1) の証明． X, Y の結合分布の密度関数を $h(x, y)$ とする．周辺分布の密度関数は命題 5.1.8 により得ているので，$f(x)$ を X の密度関数，$g(y)$ を Y の密度関数とすると

$$\begin{aligned}
E(X+Y) &= \int_{-\infty}^{\infty} \int_{-\infty}^{\infty} (x+y)h(x,y)dxdy \\
&= \int_{-\infty}^{\infty} \int_{-\infty}^{\infty} xh(x,y)dxdy + \int_{-\infty}^{\infty} \int_{-\infty}^{\infty} yh(x,y)dxdy \\
&= \int_{-\infty}^{\infty} \left\{ x \int_{-\infty}^{\infty} h(x,y)dy \right\} dx + \int_{-\infty}^{\infty} \left\{ y \int_{-\infty}^{\infty} h(x,y)dx \right\} dy \\
&= \int_{-\infty}^{\infty} xf(x)dx + \int_{-\infty}^{\infty} yg(y)dy = E(X) + E(Y)
\end{aligned}$$

□

証明．命題 5.1.7 (2) の証明． X の密度関数を $f(x)$，Y の密度関数を $g(y)$ とすると，Y の結合分布の密度関数 $h(x,y)$ は $h(x,y) = f(x)g(y)$ である．

$$\begin{aligned}
E(XY) &= \int_{-\infty}^{\infty} \int_{-\infty}^{\infty} xyh(x,y)dxdy \\
&= \int_{-\infty}^{\infty} \int_{-\infty}^{\infty} xyf(x)g(y)dxdy \\
&= \left(\int_{-\infty}^{\infty} xf(x)dx \right) \left(\int_{-\infty}^{\infty} yg(y)dy \right) \\
&= E(X)E(Y)
\end{aligned}$$

を得る．また

$$\begin{aligned}
V(X+Y) &= E(X+Y)^2) - E(X+Y)^2 \\
&= E(X^2 + Y^2 + 2XY) - (E(X) + E(Y))^2 \\
&= E(X^2 + E(Y^2) + 2E(XY) - E(X)^2 - E(Y)^2 - 2E(X)E(Y) \\
&= E(X^2) - E(X)^2 + E(Y^2) - E(Y)^2 = V(X) + V(Y)
\end{aligned}$$

となる．

□

例 5.1.6. 2人の友人がある駅で待ち合わせをした．5時から5時20分までに到着することにした．ただし，5分経ったら別の友人を待つことなくその場を立ち去ってよいことにした．5時から5時20分までの到着する確率は同じとして，2人がうまく会える確率を求めよ．

(解) 友人の一人が来る時刻を X とする．また，他の一人が来る時刻を Y とする．X の密度関数を $f(x)$ とすると

$$f(x) = \begin{cases} \frac{1}{20} & (0 \leq x \leq 20) \\ 0 & (それ以外のとき) \end{cases}$$

同様に，Y の密度関数を $g(y)$ とすると，

$$g(y) = \begin{cases} \frac{1}{20} & (0 \leq y \leq 20) \\ 0 & (それ以外のとき) \end{cases}$$

X と Y は独立だから，X, Y の結合分布の密度関数 $h(x,y)$ は $h(x,y) = f(x)g(y)$ である．すなわち，

$$h(x,y) = \begin{cases} \frac{1}{400} & (0 \leq x \leq 20 \text{ かつ } 0 \leq y \leq 20 \text{ のとき}) \\ 0 & (それ以外のとき) \end{cases}$$

問題の確率は $P(|Y-X| \leq 5)$ である．D を $D = \{(x,y) \,|\, |y-x| \leq 5\}$ とおくと，

$$P(|Y-X| \leq 5) = \iint_D h(x,y) dx dy = \frac{400 - 15 \times 15}{400} = \frac{175}{400} = \frac{7}{16} = 0.4375$$

問 5.1.3. 例 5.1.6 と同一の設定で，15分経ったら別の友人を待つことなくその場を立ち去ってよいことにしたとき，2人が会える確率を求めよ．

(解) 確率は $P(|Y-X| \leq 15)$ である．D を $D = \{(x,y) \,|\, |y-x| \leq 15\}$ とおくと，

$$P(|Y-X| \leq 15) = \iint_D h(x,y) dx dy = \frac{400 - 5 \times 5}{400} = \frac{175}{400} = \frac{15}{16} = 0.9375$$

5.2 正規分布

理論上も応用上も重要な正規分布（Gauss 分布）について述べる．そのために必要な微積分の結果を最初に紹介する．

$$\left(\,a>0\text{ とする}\,\right)\quad \int_{-\infty}^{\infty} e^{-ax^2}dx = \sqrt{\frac{\pi}{a}}$$

定義 5.2.1. 確率変数 X の密度関数 $f(x)$ が次の式で与えられているとき，X の分布は（**平均** μ, **分散** σ^2 **の**）**正規分布**であるといい，$N(\mu,\sigma^2)$ と書く．とくに $\mu=0, \sigma=1$ のとき，**標準正規分布**という．

$$f(x) = \frac{1}{\sqrt{2\pi}\sigma} e^{-\frac{(x-\mu)^2}{2\sigma^2}} \tag{5.1}$$

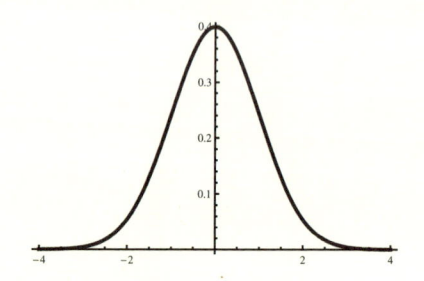

図 5.3: 標準正規分布 $f(x) = \dfrac{1}{\sqrt{2\pi}}\exp^{-\frac{x^2}{2}}$

例 5.2.1. 正規分布の密度関数 $f(x) = \dfrac{1}{\sqrt{2\pi}\sigma} e^{-\frac{(x-\mu)^2}{2\sigma^2}}$ とおくとき，以下の性質をもつことを示せ．

(1) $\lim_{x\to -\infty} f(x) = \lim_{x\to \infty} f(x) = 0$
(2) $-\infty < x < \mu$ で $f(x)$ は単調増加で，$\mu < x < \infty$ で $f(x)$ は単調減少である．
(3) $x = \mu-\sigma, \mu+\sigma$ は変曲点で，$-\infty < x < \mu-\sigma$ で下に凸，$\mu-\sigma < x < \mu+\sigma$ で上に凸，$\mu+\sigma < x < \infty$ で下に凸である．

(解) $f'(x) = -\dfrac{1}{\sqrt{2\pi}\sigma^3}(x-\mu)e^{-\frac{(x-\mu)^2}{2\sigma^2}}$ であり,

$$f''(x) = -\frac{1}{\sqrt{2\pi}\sigma^3}\left\{e^{-\frac{(x-\mu)^2}{2\sigma^2}} + (x-\mu)\left(-\frac{x-\mu}{\sigma^2}\right)e^{-\frac{(x-\mu)^2}{2\sigma^2}}\right\}$$

$$= \frac{1}{\sqrt{2\pi}\sigma^5}e^{-\frac{(x-\mu)^2}{2\sigma^2}}(x-(\mu-\sigma))(x-(\mu+\sigma))$$

となる. 増減表を描くとつぎのようになる.

x		$\mu-\sigma$		μ		$\mu+\sigma$	
$f'(x)$	+	+	+	0	−	−	−
$f''(x)$	+	0	−		−	0	+
	↗	↗	↗		↘	↘	↘
	⌣		⌢		⌢		⌣

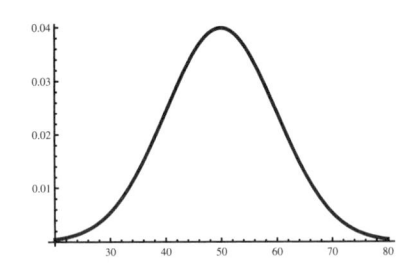

図 5.4: 平均 50, 分散 10^2 の正規分布 $N(50, 10^2)$ のグラフ

例 5.2.2. 確率変数 X の分布が正規分布 $N(\mu, \sigma^2)$ とする. 次の問いに答えよ.
(1) $\displaystyle\int_{-\infty}^{\infty} \frac{1}{\sqrt{2\pi}\sigma} e^{-\frac{(x-\mu)^2}{2\sigma^2}} dx = 1$ を示せ.
(2) $E(X) = \mu$ であることを示せ.
(3) $V(X) = \sigma^2$ であることを示せ.

(解) (1) $\dfrac{x-\mu}{\sigma} = t$ と変数変換 (置換積分) によって求める.

$$\int_{-\infty}^{\infty} \frac{1}{\sqrt{2\pi}\sigma} e^{-\frac{(x-\mu)^2}{2\sigma^2}} dx = \frac{1}{\sqrt{2\pi}\sigma}\int_{-\infty}^{\infty} e^{-\frac{(x-\mu)^2}{2\sigma^2}} dx$$

$$= \frac{1}{\sqrt{2\pi}\sigma}\int_{-\infty}^{\infty} e^{-\frac{t^2}{2}} \sigma dt = 1$$

(2) まず, 積分 $\int_{-\infty}^{\infty} xe^{-\frac{t^2}{2}} dx$ を求める. 奇関数だから 0 となることは明らかであるが, 計算により求める.

$$\int_{-\infty}^{\infty} xe^{-\frac{x^2}{2}} dx = \left[e^{-\frac{x^2}{2}}\right]_{-\infty}^{\infty}$$
$$= \lim_{x \to \infty}(-e^{-\frac{x^2}{2}}) - (\lim_{x \to -\infty}(-e^{-\frac{x^2}{2}})) = -0 + 0 = 0$$

となる. (1) と同様に変数変換して求める.

$$E(X) = \int_{-\infty}^{\infty} x \frac{1}{\sqrt{2\pi}\sigma} e^{-\frac{(x-\mu)^2}{2\sigma^2}} dx$$
$$= \frac{1}{\sqrt{2\pi}\sigma} \int_{-\infty}^{\infty} (\sigma t + \mu) e^{-\frac{t^2}{2}} \sigma dt$$
$$= \frac{1}{\sqrt{2\pi}} \left\{ \sigma^2 \int_{-\infty}^{\infty} t e^{-\frac{t^2}{2}} dt + \mu\sigma \int_{-\infty}^{\infty} e^{-\frac{t^2}{2}} dt \right\}$$
$$= \frac{1}{\sqrt{2\pi}} \mu\sigma \int_{-\infty}^{\infty} e^{-\frac{t^2}{2}} dt = \mu$$

となる.

(3) $V(X) = E((X - E(X))^2) = E((X - \mu)^2)$ を変数変換と部分積分法により求める. 途中, $\lim_{x \to \pm\infty} xe^{-\frac{x^2}{2}} = 0$ を用いる.

$$V(X) = \int_{-\infty}^{\infty} (x - \mu)^2 \frac{1}{\sqrt{2\pi}\sigma} e^{-\frac{(x-\mu)^2}{2\sigma^2}} dx$$
$$= \frac{1}{\sqrt{2\pi}\sigma} \int_{-\infty}^{\infty} (\sigma t)^2 e^{-\frac{t^2}{2}} \sigma dt = \frac{1}{\sqrt{2\pi}} \sigma^2 \int_{-\infty}^{\infty} t^2 e^{-\frac{t^2}{2}} \sigma dt$$
$$= \frac{1}{\sqrt{2\pi}} \sigma^2 \left\{ \left[(-e^{-\frac{t^2}{2}})t\right]_{-\infty}^{\infty} - \int_{-\infty}^{\infty} (-e^{-\frac{t^2}{2}}) dt \right\}$$
$$= \frac{1}{\sqrt{2\pi}} \sigma^2 \times \sqrt{2\pi} = \sigma^2$$

命題 5.2.1. 確率変数 X の分布が正規分布 $N(\mu, \sigma^2)$ とする. このとき $Y = \dfrac{X - \mu}{\sigma}$ とおくと Y の分布は標準正規分布である.

5.2. 正規分布

証明.

$$P(a < Y \le b) = P(a < \frac{X-\mu}{\sigma} \le b)$$
$$= P(a\sigma + \mu < X \le b\sigma + \mu)$$
$$= \int_{a\sigma+\mu}^{b\sigma+\mu} \frac{1}{\sqrt{2\pi}\sigma} e^{-\frac{(x-\mu)^2}{2\sigma^2}} dx$$
$$= \int_{a}^{b} \frac{1}{\sqrt{2\pi}\sigma} e^{-\frac{t^2}{2}} \sigma dt$$
$$= \int_{a}^{b} \frac{1}{\sqrt{2\pi}} e^{-\frac{t^2}{2}} dt$$

となるから Y の密度関数が標準正規分布の密度関数と一致したから，Y の分布は標準正規分布である． □

例 5.2.3. X は標準正規分布である．標準正規分布表を用いて各値を求めよ．

(1) $P(0 \le X \le 1)$

(2) $P(0 \le X \le 2)$

(3) $P(-1 \le X \le 1)$

(4) $P(0 \le X \le 1.5)$

(5) $P(X > 2)$

(解) (1) 表より $P(0 \le X \le 1) = \int_{0}^{1} \frac{1}{\sqrt{2\pi}} \exp^{-\frac{x^2}{2}} dx = 0.3413$

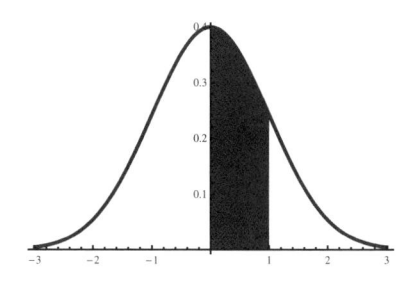

図 5.5: 標準正規分布で $P(0 < X \le 1)$ の意味

(2) $P(0 \leq X \leq 2) = \int_0^2 \frac{1}{\sqrt{2\pi}} \exp^{-\frac{x^2}{2}} dx = 0.4773$

(3)
$$P(-1 \leq X \leq 1) = \int_{-1}^{1} \frac{1}{\sqrt{2\pi}} \exp^{-\frac{x^2}{2}} dx$$
$$= \int_{-1}^{0} \frac{1}{\sqrt{2\pi}} \exp^{-\frac{x^2}{2}} dx + \int_{0}^{1} \frac{1}{\sqrt{2\pi}} \exp^{-\frac{x^2}{2}} dx$$
$$= 2 \times \int_{0}^{1} \frac{1}{\sqrt{2\pi}} \exp^{-\frac{x^2}{2}} dx = 2 \times 0.3413 = 0.6826$$

(4)
$$P(X > 2) = \int_2^\infty \frac{1}{\sqrt{2\pi}} \exp^{-\frac{x^2}{2}} dx$$
$$= \int_0^\infty \frac{1}{\sqrt{2\pi}} \exp^{-\frac{x^2}{2}} dx - \int_0^2 \frac{1}{\sqrt{2\pi}} \exp^{-\frac{x^2}{2}} dx$$
$$= 0.5 - 0.4773 = 0.0227$$

例 5.2.4. X は正規分布 $N(\mu, \sigma^2)$ である．標準正規分布表を用いて各値を求めよ．

(1) $P(\mu \leq X \leq \mu + \sigma)$

(2) $P(\mu \leq X \leq \mu + 2\sigma)$

(3) $P(\mu - \sigma \leq X \leq \mu + \sigma)$

(4) $P(\mu \leq X \leq \mu + 1.5\sigma)$

(5) $P(X > \mu + 2\sigma)$

(解) (1) $\dfrac{X - \mu}{\sigma}$ と標準化を行う．

$$P(\mu \leq X \leq \mu + \sigma) = P(0 < \frac{X - \mu}{\sigma} \leq 1) = \int_0^1 \frac{1}{\sqrt{2\pi}} \exp^{-\frac{x^2}{2}} dx = 0.3413$$

(2) 同様に標準化をしたあとに，標準正規分布表を用いて $P(\mu \leq X \leq \mu + 2\sigma) = 0.4773$ を得る．

(3) $P(\mu - \sigma \leq X \leq \mu + \sigma) = 2 \times 0.3413 = 0.6826$ を得る．

(4) $P(\mu \leq X \leq \mu + 1.5\sigma) = 0.4332$ を得る.

(5)
$$P(X > \mu + 2\sigma) = P(\frac{X-\mu}{\sigma} > 2) = \int_2^\infty \frac{1}{\sqrt{2\pi}} \exp^{-\frac{x^2}{2}} dx$$
$$= \int_0^\infty \frac{1}{\sqrt{2\pi}} \exp^{-\frac{x^2}{2}} dx - \int_0^2 \frac{1}{\sqrt{2\pi}} \exp^{-\frac{x^2}{2}} dx$$
$$= 0.5 - 0.4773 = 0.0227$$

問 5.2.1. X は正規分布 $N(50, 10^2)$ である. 標準正規分布表を用いて各値を求めよ.

(1) $P(50 \leq X \leq 60)$

(2) $P(50 \leq X \leq 70)$

(3) $P(40 \leq X \leq 60)$

(4) $P(40 \leq X \leq 70)$

(5) $P(X > 70)$

(6) $P(X > a) = 0.03$ となる a を求めよ.

例 5.2.5. 受験生が 500 名とする. 200 点満点で得点 X の分布が正規分布 $N(130, 20^2)$ で近似されるとする. 標準正規分布表を用いて以下の問に答えよ.

(1) 130 点以上で 150 点以下の受験生は約何名か.

(2) 170 点以上の受験生は約何名か.

(3) 約何点以上であれば上位 50 名に入るか.

(**解**) (1) $P(130 \leq X \leq 150)$ を求める.
$$P(130 \leq X \leq 150) = P(\frac{130-130}{20} \leq \frac{X-130}{20} \leq \frac{150-130}{20})$$
$$= P(0 \leq \frac{X-130}{20} \leq 1)$$
$$= \int_0^1 \frac{1}{\sqrt{2\pi}} e^{-\frac{x^2}{2}} dx$$
$$= 0.3413$$

となる．したがって，$500 \times 0.3413 = 170.6$ となる．約 171 名である．
(2) $P(X > 170)$ を求める．

$$\begin{aligned}
P(X > 170) &= P(\frac{X - 130}{20} > \frac{170 - 130}{20}) \\
&= P(\frac{X - 130}{20} > 2) \\
&= \int_2^\infty \frac{1}{\sqrt{2\pi}} e^{-\frac{x^2}{2}} dx \\
&= \int_0^\infty \frac{1}{\sqrt{2\pi}} e^{-\frac{x^2}{2}} dx - \int_0^2 \frac{1}{\sqrt{2\pi}} e^{-\frac{x^2}{2}} dx \\
&= 0.5 - 0.4773 = 0.0227
\end{aligned}$$

となる．したがって，$500 \times 0.0227 = 11.35$ となる．約 12 名である．
(3) a 点以上であれば上位 50 名だとする．a を求める．$500 \times P(X > a) = 50$ より $P(X > a) = 0.1$ である．

$$\begin{aligned}
0.1 &= P(X > a) \\
&= P(\frac{X - 130}{20} > \frac{a - 130}{20}) \\
&= \int_{\frac{a-130}{20}}^\infty \frac{1}{\sqrt{2\pi}} e^{-\frac{x^2}{2}} dx \\
&= 0.5 - \int_0^{\frac{a-130}{20}} \frac{1}{\sqrt{2\pi}} e^{-\frac{x^2}{2}} dx
\end{aligned}$$

だから

$$\int_0^{\frac{a-130}{20}} \frac{1}{\sqrt{2\pi}} e^{-\frac{x^2}{2}} dx = 0.4$$

を得る．標準正規分布表より，$(a - 130)/20 = 1.285$ となる．したがって $a = 130 + 20 \times 1.285 = 155.7$ したがって，約 156 点以上である．

問 5.2.2. 受験生が 2000 名とする．500 点満点で得点 X の分布が正規分布 $N(315, 35^2)$ で近似されるとする．標準正規分布表を用いて以下の問に答えよ．
(1) 250 点以上で 350 点以下の受験生は約何名か．
(2) 400 点以上の受験生は約何名か．
(3) 約何点以上であれば上位 500 名に入るか．

5.3 いろいろな分布

定義 5.3.1. $m > 0$ とする．確率変数 X の密度関数 $f(x)$ が次の式で与えられているとき，X の分布は**自由度 m の t-分布**であるといい，$t(m)$ と書く．

$$f(x) = \frac{\Gamma(\frac{m+1}{2})}{\sqrt{m\pi}\Gamma(\frac{m}{2})} \left(1 + \frac{x^2}{m}\right)^{-\frac{m+1}{2}} \quad (-\infty < x < \infty) \qquad (5.2)$$

$f(x)$ が密度関数の条件をみたすことを確かめる．

$\dfrac{x}{\sqrt{m}} = t$ とおき，$\displaystyle\int_{-\infty}^{\infty} \frac{1}{(1+t^2)^{\lambda+\frac{1}{2}}} dt = B(\frac{1}{2}, \lambda)$ を使いベータ関数の形に変形する．

$$\int_{-\infty}^{\infty} \left(1 + \frac{x^2}{m}\right)^{-\frac{m+1}{2}} dx = \int_{-\infty}^{\infty} \frac{1}{(1+t^2)^{\frac{m}{2}+\frac{1}{2}}} \sqrt{m}\, dt$$
$$= \sqrt{m} B(\frac{1}{2}, m) = \sqrt{m} \frac{\Gamma(m)}{\Gamma(\frac{1}{2}+m)} \sqrt{\pi}$$

となるから，$\displaystyle\int_{-\infty}^{\infty} f(x)dx = 1$ となり密度関数の条件をみたす．

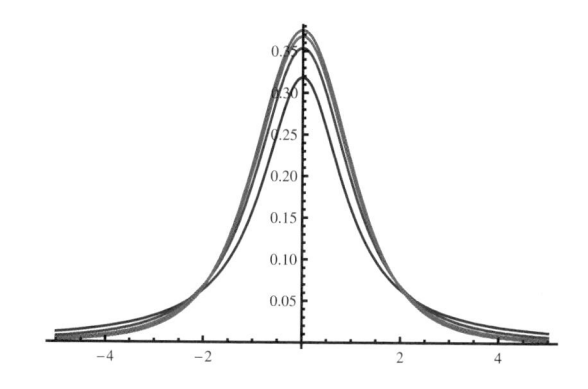

図 5.6: $x = 0$ の値が小さい方から $m = 1, 2, 3, 4$

つぎの図でわかるように，t-分布 $t(m)$ は正規分布とよく似ており，m が大きいときは，ほぼ標準正規分布と一致する．

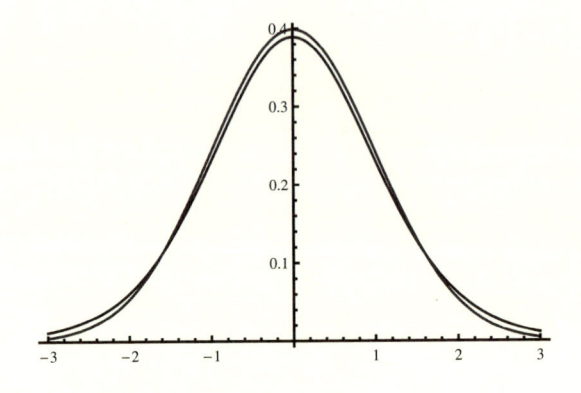

図 5.7: 正規分布と自由度 10 の $t-$ 分布

命題 5.3.1. $m > 1$ とする. 確率変数 X の分布が t-分布 $t(m)$ とする. X の平均は $E(X) = 0$ である.

証明. まず, $E(|X|) = \int_{-\infty}^{\infty} |x| f(x) dx < \infty$ であることを示す.

$$\int_0^\infty x \left(1 + \frac{x^2}{m}\right)^{-\frac{m+1}{2}} dx = m \int_0^\infty t(1+t^2)^{-\frac{m+1}{2}} dt$$
$$= m \left[-\frac{1}{m-1}(1+t^2)^{-\frac{m-1}{2}} \right]_0^\infty = \frac{m}{m-1}$$

最初に $\frac{x}{\sqrt{m}} = t$ と変数変換している. 同様にして $\int_{-\infty}^0 (-x) \left(1 + \frac{x^2}{m}\right)^{-\frac{m+1}{2}} dx = \frac{m}{m-1}$ を得る. したがって, $\int_{-\infty}^\infty |x| f(x) dx = \frac{2m}{m-1} < \infty$ が示せた.

ゆえに, $\int_{-\infty}^\infty |x| f(x) dx = \frac{\Gamma(\frac{m+1}{2})}{\sqrt{m\pi}\Gamma(\frac{m}{2})} \int_{-\infty}^\infty |x| \left(1 + \frac{x^2}{m}\right)^{-\frac{m+1}{2}} < \infty$ である.

$E(X) = 0$ となることは上の計算を利用することからもでるし, 被積分関数が奇関数であることからもでる. □

(注) $m = 1$ のときは平均は存在しない. 実際,

$$\int_0^\infty x \frac{1}{\pi} \frac{1}{1+x^2} dx = \frac{1}{2\pi} \left[\log(1+x^2) \right]_0^\infty = \infty$$

5.3. いろいろな分布

だから $\int_{-\infty}^{\infty} |x| \frac{1}{\pi} \frac{1}{1+x^2} dx = \infty$ となり，平均は存在しない．

計算は省略するが，t-分布の分散についてはつぎのことが成り立つ．

命題 5.3.2. $m > 2$ とする．確率変数 X の分布が t-分布 $t(m)$ とする．X の分散は $V(X) = \dfrac{m}{m-2}$ である．

定義 5.3.2. $m > 0$ とする．確率変数 X の密度関数 $f(x)$ が次の式で与えられているとき，X の分布は**自由度 m の χ^2-分布（カイ 2 乗分布）**であるといい，$\chi^2(m)$ と書く．

$$f(x) = \begin{cases} \dfrac{1}{2^{\frac{m}{2}} \Gamma(\frac{m}{2})} x^{\frac{m}{2}-1} e^{-\frac{x}{2}} & (0 < x < \infty) \\ 0 & (x < 0) \end{cases}$$

特に，自由度 1 の χ^2 − 分布 の密度関数は，$\Gamma(\frac{1}{2}) = \sqrt{\pi}$ だから

$$f(x) = \begin{cases} \dfrac{1}{\sqrt{2\pi}} x^{-\frac{1}{2}} e^{-\frac{x}{2}} & (0 < x < \infty) \\ 0 & (x < 0) \end{cases}$$

である．

問 5.3.1. $f(x)$ が密度関数の条件をみたすことを確かめよ．

問 5.3.2. 確率変数 X の分布が自由度 m の χ^2-分布 $\chi^2(m)$ とする．つぎの問いに答えよ．
(1) X の平均は $E(X) = m$ である．
(2) X の分散は $V(X) = 2m$ である．

定義 5.3.3. $\lambda > 0$ とする．確率変数 X の密度関数 $f(x)$ が次の式で与えられているとき，X の分布は**パラメータ λ の指数分布**という．

$$f(x) = \begin{cases} 0 & (x < 0) \\ \lambda e^{-\lambda x} & (x \geq 0) \end{cases}$$

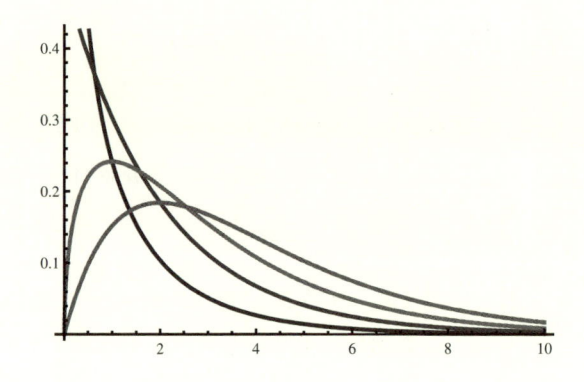

図 5.8: （自由度 1 から 4 までの） カイ 2 乗分布

$f(x)$ が密度関数の条件をみたすことを確かめる．

$$\int_{-\infty}^{\infty} f(x)dx = \int_{-\infty}^{0} f(x)dx + \int_{0}^{\infty} f(x)dx = \int_{0}^{\infty} \lambda e^{-\lambda x} dx$$
$$= \left[-e^{-\lambda x}\right]_{0}^{\infty} = 1$$

となり，密度関数の条件をみたす．

問 5.3.3. 確率変数 X の分布がパラメータ λ の指数分布とする．つぎの問いに答えよ．
(1) X の平均は $E(X) = \dfrac{1}{\lambda}$ である．
(2) X の分散は $V(X) = \dfrac{1}{\lambda^2}$ である．

5.4 積率母関数

離散型の確率変数に対して，積率母関数（モーメント母関数）を定義し具体的な分布の積率母関数を求めた．本節では連続型の確率変数の積率母関数について議論する．

密度関数を $f(x)$ とする連続型の確率変数 X に対して，X の**積率母関数** $M_X(t)$ を $M_X(t) = E(e^{tX}) = \int_{-\infty}^{\infty} e^{tx} f(x) dx$ とおく．

5.4. 積率母関数

定理 3.4.1 で述べた離散型の確率変数の積率母関数に対する分布の一意性と同様に，連続型の確率変数についても積率母関数に対する分布の一意性が成り立つ．証明抜きにつぎの定理を紹介する．

定理 5.4.1.（積率母関数の一意性） 連続型の確率変数 X, Y とする．X の積率母関数 $M_X(t)$ と Y の積率母関数 $M_Y(t)$ とが一致するならば，X の分布と Y の分布とは一致する．

命題 5.4.1. 確率変数 X の分布が正規分布 $N(\mu, \sigma^2)$ とする．X の積率母関数 $M_X(t)$ は $M_X(t) = e^{\mu t + \frac{\sigma^2 t^2}{2}}$ である．

証明．

$$\begin{aligned}
M_X(t) &= \int_{-\infty}^{\infty} e^{tx} \frac{1}{\sqrt{2\pi}\sigma} e^{-\frac{(x-\mu)^2}{2\sigma^2}} dx = \frac{1}{\sqrt{2\pi}\sigma} \int_{-\infty}^{\infty} e^{-\frac{(x-\mu)^2 - 2\sigma^2 tx}{2\sigma^2}} dx \\
&= \frac{1}{\sqrt{2\pi}\sigma} \int_{-\infty}^{\infty} e^{-\frac{(x-(\mu+\sigma^2 t))^2 - 2\mu\sigma^2 t - \sigma^4 t^2}{2\sigma^2}} dx \\
&= e^{\mu t + \frac{\sigma^2 t^2}{2}} \frac{1}{\sqrt{2\pi}\sigma} \int_{-\infty}^{\infty} e^{-\frac{(x-(\mu+\sigma^2 t))^2}{2\sigma^2}} dx \\
&= e^{\mu t + \frac{\sigma^2 t^2}{2}}
\end{aligned}$$

となる． □

命題 3.4.1 のような離散型の確率変数に対する性質が，連続型の確率変数の積率母関数に対しても同様に成り立つ．

命題 5.4.2. 連続型の確率変数 X の密度関数を $f(x)$ とする．X の積率母関数を $M_X(t) = \int_{-\infty}^{\infty} e^{tx} f(x) dx$ とする．このとき $M_X(t)$ の導関数は以下のようになる．
(1) $M_X^{(n)}(t) = \int_{-\infty}^{\infty} x^n e^{tx} f(x) dx, \quad (n = 1, 2, \ldots)$ である．
(2) $E(X^n) = M_X^{(n)}(0)$ である．
(3) $E(X) = M_X'(0), V(X) = M_X''(0) - (M_X'(0))^2$ である．

証明. (1) 微分と積分との順序交換が成り立つとして，形式的に示す．

$$\frac{d}{dt}(M_X(t)) = \frac{d}{dt}\int_{-\infty}^{\infty} e^{tx}f(x)dx = \int_{-\infty}^{\infty} \frac{d}{dt}(e^{tx}f(x))dx$$
$$= \int_{-\infty}^{\infty} xe^{tx}f(x)dx$$

を得る．したがって $M'_X(t) = \int_{-\infty}^{\infty} xe^{tx}f(x)dx$ となる．順次このことを繰り返すことにより，$M_X^{(n)}(t) = \int_{-\infty}^{\infty} x^n e^{tx}f(x)dx,\ (n=1,2,\ldots)$ が示せる．
(2) $E(X^n) = \int_{-\infty}^{\infty} x^n f(x)dx = M_X^{(n)}(0)$ となる．
(3) の証明．(2) より，$V(X) = E(X^2) - E(X)^2 = M''_X(0) - (M'_X(0))^2$ である． □

問 5.4.1. 確率変数 X の分布が一様分布 $U(0,1)$ とする．X の積率母関数 $M_X(t)$ を求めよ．

(解)

$$M_X(t) = \int_{-\infty}^{\infty} e^{tx}f(x)dx = \int_0^1 e^{tx} \times 1 dx$$
$$= \left[\frac{1}{t}e^{tx}\right]_0^1 = \frac{e^t - 1}{t}$$

問 5.4.2. 確率変数 X の分布が自由度 m の χ^2-分布 $\chi^2(m)$ とする．X の積率母関数 $M_X(t)$ を求めよ．

(解) 以下の式の変形において，$(\frac{1}{2} - t)x = y$ と変数変換する．

$$M_X(t) = E(e^{tX}) = \int_{-\infty}^{\infty} e^{tx}f(x)dx = \int_0^{\infty} e^{tx}\frac{1}{2^{\frac{m}{2}}\Gamma(\frac{m}{2})}x^{\frac{m}{2}-1}e^{-\frac{x}{2}}dx$$
$$= \frac{1}{2^{\frac{m}{2}}\Gamma(\frac{m}{2})}\int_0^{\infty} e^{-(\frac{1}{2}-t)x}x^{\frac{m}{2}-1}dx$$
$$= \frac{1}{2^{\frac{m}{2}}\Gamma(\frac{m}{2})}\int_0^{\infty} e^{-y}\left(\frac{2y}{1-2t}\right)^{\frac{m}{2}-1}\frac{2}{1-2t}dy$$
$$= \frac{1}{\Gamma(\frac{m}{2})}\left(\frac{1}{1-2t}\right)^{\frac{m}{2}}\int_0^{\infty} e^{-y}y^{\frac{m}{2}-1}dy$$
$$= (1-2t)^{-\frac{m}{2}}$$

となる．したがって，$M_X(t) = (1-2t)^{-\frac{m}{2}}$, $(t < \frac{1}{2})$ を得る．

例 5.4.1. 自由度 m の χ^2-分布 $\chi^2(m)$ にしたがう確率変数 X の平均と分散とを，X の積率母関数 $M_X(t)$ を利用して求めよ

(解) 積率母関数 $M_X(t) = (1-2t)^{-\frac{m}{2}}$ より，$M'_X(t) = m(1-2t)^{-\frac{m+2}{2}}$, $M''_X(t) = m(m+2)(1-2t)^{-\frac{m+4}{2}}$ となる．このことより $E(X) = M'_X(0) = m$ を得る．また，$E(X^2) = M''_X(0) = m(m+2)$ であるから $V(X) = E(X^2) - E(X)^2 = m(m+2) - m^2 = 2m$ を得る．

例 5.4.2. 確率変数 X の分布が，パラメータ λ の指数分布とする．X の積率母関数 $M_X(t)$ を求めよ．

(解)

$$M_X(t) = E(e^{tX}) = \int_{-\infty}^{\infty} e^{tx} f(x) dx = \int_0^{\infty} e^{tx} \lambda e^{-\lambda x} dx$$
$$= \lambda \int_0^{\infty} e^{(t-\lambda)x} dx$$

ここで，$t \geq \lambda$ ならば $M_X(t) = \infty$ となる．$t < \lambda$ のとき

$$M_X(t) = \lambda \int_0^{\infty} e^{(t-\lambda)x} dx = \lambda \left[\frac{1}{t-\lambda} e^{(t-\lambda)x} \right]_0^{\infty}$$
$$= -\lambda \frac{1}{t-\lambda} = \frac{\lambda}{\lambda - t}$$

を得る．したがって，$M_X(t) = \dfrac{\lambda}{\lambda - t}$ $(t < \lambda)$ である．

例 5.4.3. パラメータ λ の指数分布にしたがう確率変数 X の平均と分散とを，X の積率母関数 $M_X(t)$ を利用して求めよ

(解) 積率母関数が $M_X(t) = \dfrac{\lambda}{\lambda - t}$ $(t < \lambda)$ だから，$M'_X(t) = \dfrac{\lambda}{(\lambda - t)^2}$ となる．また $M''_X(t) = \lambda(-2)(\lambda - t)^{-3}(-1) = \dfrac{2\lambda}{(\lambda - t)^3}$ となる．したがって，$E(X) = M'_X(0) = \dfrac{\lambda}{\lambda^2} = \dfrac{1}{\lambda}$ である．

$$V(X) = M_X''(0) - (M_X'(0))^2 = \frac{2\lambda}{\lambda^3} - (\frac{1}{\lambda})^2 = \frac{1}{\lambda^2} \text{ を得る}.$$

つぎの定理が示しているように，積率母関数を利用することにより，独立な正規分布の"和"は，正規分布になることが示せる．

定理 5.4.2. 確率変数 X, Y は独立で，X と Y はともに正規分布である．X の分布は $N(\mu_1, \sigma_1^2)$，Y の分布は $N(\mu_2, \sigma_2^2)$ とする．このとき，$Z = X + Y$ の分布は正規分布 $N(\mu_1 + \mu_2, \sigma_1^2 + \sigma_2^2)$ である．

証明． 確率変数 $Z = X + Y$ の母関数を求める．その際，X, Y が独立ならば $E(f(X)g(Y)) = E(f(X))E(g(Y))$ となることを使う．

$$\begin{aligned} M_Z(t) &= E(e^{tZ}) = E(e^{t(X+Y)}) = E(e^{tX}e^{tY}) \\ &= E(e^{tX})E(e^{tY}) = e^{\mu_1 t + \frac{\sigma_1^2}{2}t^2} e^{\mu_2 t + \frac{\sigma_2^2}{2}t^2} \\ &= e^{(\mu_1+\mu_2)t + \frac{(\sigma_1^2+\sigma_2^2)}{2}t^2} \end{aligned}$$

を得る．これは正規分布 $N(\mu_1+\mu_2, \sigma_1^2+\sigma_2^2)$ の積率母関数である．積率母関数と分布とが1対1に対応することより Z の分布は正規分布 $N(\mu_1+\mu_2, \sigma_1^2+\sigma_2^2)$ である． □

同様にして，独立な χ^2-分布の"和"は，χ^2-分布になることが示せる．

命題 5.4.3. 確率変数 X, Y は独立で，X と Y はともに χ^2-分布である．X の分布は $\chi^2(m_1)$，X の分布は $\chi^2(m_1)$ とする．このとき，$Z = X + Y$ の分布は χ^2-分布 $\chi^2(m_1 + m_2)$ である．

証明． $Z = X + Y$ の積率母関数を求める．

$$\begin{aligned} M_Z(t) &= E(e^{tZ}) = E(e^{t(X+Y)}) = E(e^{tX}e^{tY}) \\ &= E(e^{tX})E(e^{tY}) = (1-2t)^{-\frac{m_1}{2}}(1-2t)^{-\frac{m_2}{2}} \\ &= (1-2t)^{-\frac{m_1+m_2}{2}} \end{aligned}$$

を得る.これは χ^2-分布 $\chi^2(m_1 + m_2)$ の積率母関数である.積率母関数と分布とが 1 対 1 に対応することより Z の分布は χ^2-分布 $\chi^2(m_1 + m_2)$ である. □

ほぼ同様な方法により,一般につぎのことが成り立つことが容易に示せる.

定理 5.4.3. 確率変数 $X_1, X_2, \ldots, X_n$ が独立で,各 X_i が χ^2-分布 $\chi^2(m_i)$ ($i = 1, 2, \ldots, n$) とする.このとき $Z = X_1 + X_2 + \cdots + X_n$ の分布は χ^2-分布 $\chi^2(m_1 + m_2 + \cdots + m_n)$ である.

正規分布と χ^2-分布との間にはつぎの関係がある.

定理 5.4.4. 確率変数 X は標準正規分布 $N(0,1)$ にしたがうとする.このとき,確率変数 $Y = X^2$ は自由度 1 の χ^2-分布にしたがう.

証明. $Y = X^2$ のとる値は 0 以上であることに注意して,任意の値 $0 \leq a < b$ に対して Y が a より大きく b 以下の値をとる確率 $P(a < Y = X^2 \leq b)$ を求める.積分の途中の変形は $x^2 = t$ と変数変換する.

$$\begin{aligned}
P(a < X^2 \leq b) &= P(-\sqrt{b} \leq X < -\sqrt{a} \text{ または } \sqrt{a} < X \leq \sqrt{b}) \\
&= P(-\sqrt{b} \leq X < -\sqrt{a}) + P(\sqrt{a} < X \leq \sqrt{a}) \\
&= \int_{-\sqrt{b}}^{-\sqrt{a}} \frac{1}{\sqrt{2\pi}} e^{-\frac{x^2}{2}} dx + \int_{\sqrt{a}}^{\sqrt{b}} \frac{1}{\sqrt{2\pi}} e^{-\frac{x^2}{2}} dx \\
&= 2 \int_{\sqrt{a}}^{\sqrt{b}} \frac{1}{\sqrt{2\pi}} e^{-\frac{x^2}{2}} dx = 2 \int_a^b \frac{1}{\sqrt{2\pi}} e^{-\frac{t}{2}} \frac{1}{2\sqrt{t}} dt \\
&= \int_a^b \frac{1}{\sqrt{2\pi}} t^{-\frac{1}{2}} e^{-\frac{t}{2}} dt
\end{aligned}$$

したがって,$Y = X^2$ の分布は自由度 1 の χ^2-分布である. □

この定理は積率母関数を使って,以下のようにして証明してもよい.

証明. 積分の計算では $\sqrt{1-2t}\,x = y$ と変数変換する.

$$M_Y(t) = E(e^{tY}) = E(e^{tX^2}) = \int_{-\infty}^{\infty} e^{tx^2} \frac{1}{\sqrt{2\pi}} e^{-\frac{x^2}{2}} dx$$

$$= \int_{-\infty}^{\infty} \frac{1}{\sqrt{2\pi}} e^{-\frac{1}{2}(1-2t)x^2} dx = \int_{-\infty}^{\infty} \frac{1}{\sqrt{2\pi}} e^{-\frac{y^2}{2}} \frac{1}{\sqrt{1-2t}} dy$$

$$= \frac{1}{\sqrt{1-2t}} \int_{-\infty}^{\infty} \frac{1}{\sqrt{2\pi}} e^{-\frac{y^2}{2}} dy = \frac{1}{\sqrt{1-2t}}$$

となる.これは自由度 1 の χ^2-分布の積率母関数である.積率母関数に対する分布の一意性より Y の分布は自由度 1 の χ^2-分布である. □

定理 5.4.5. 確率変数 $X_1, X_2, \ldots, X_n$ は独立で,すべて標準正規分布 $N(0,1)$ にしたがうとする.このとき,確率変数 $Y = X_1^2 + X_2^2 + \cdots + X_n^2$ は自由度 n の χ^2-分布にしたがう.

証明. 定理 5.4.4 により,各確率変数 X_i^2 は自由度 1 の χ^2-分布である.また,命題 5.1.6 により $X_1^2, X_2^2, \cdots, X_n^2$ は独立であるから,定理 5.4.3 により $Y = X_1^2 + X_2^2 + \cdots + X_n^2$ は自由度 n の χ^2-分布である. □

系 5.4.1. 確率変数 $X_1, X_2, \ldots, X_n$ は独立で,すべて正規分布 $N(\mu, \sigma^2)$ にしたがうとする.このとき,確率変数 $Y = \left(\dfrac{X_1 - \mu}{\sigma}\right)^2 + \left(\dfrac{X_2 - \mu}{\sigma}\right)^2 + \cdots + \left(\dfrac{X_n - \mu}{\sigma}\right)^2$ は自由度 n の χ^2-分布にしたがう.

証明. 確率変数 $\dfrac{X_1 - \mu}{\sigma}, \dfrac{X_2 - \mu}{\sigma}, \ldots, \dfrac{X_n - \mu}{\sigma}$ は独立で標準正規分布であることよりでる. □

5.5 エントロピー

離散型の確率変数のエントロピー(離散型の確率分布のエントロピー)と同様に,連続型の確率変数のエントロピー(連続型の確率分布のエントロピー)を定義することができる.本節では典型的な確率変数のエントロピーを求めてみることにする.

5.5. エントロピー

定義 5.5.1. 密度関数 $f(x)$ をもつ確率変数 X とする．$H(X) = -\int_{-\infty}^{\infty} f(x) \log f(x) dx$ とおき X のエントロピーという．ただし，$0 \cdot \log 0 = 0$ と約束する．

例 5.5.1. （一様分布のエントロピー）X の分布が一様分布 $U(a,b)$ とする．X のエントロピー $H(X)$ を求めよ．

(解) 密度関数 $f(x)$ は

$$f(x) = \begin{cases} \frac{1}{b-a} & (a \le x \le b) \\ 0 & (それ以外のとき) \end{cases}$$

であることに注意する．

$$H(X) = -\int_{-\infty}^{\infty} f(x) \log f(x) dx = -\int_{a}^{b} \frac{1}{b-a} \log \frac{1}{b-a} dx$$
$$= \frac{1}{b-a} \log(b-a) \times (b-a) = \log(b-a)$$

(注) $b - a < 1$ のとき，$H(X) = \log(b-a) < 0$ となるから，離散型の場合と異なり，連続型の確率変数のエントロピーは負になることがあり得る．

例 5.5.2. 確率変数 X の分布が正規分布 $N(\mu, \sigma^2)$ とする．X のエントロピーを求めよ．

(解)

$$H(X) = -\int_{-\infty}^{\infty} f(x) \log f(x) dx$$
$$= -\int_{-\infty}^{\infty} \frac{1}{\sqrt{2\pi}\sigma} e^{-\frac{(x-\mu)^2}{2\sigma^2}} \log\left(\frac{1}{\sqrt{2\pi}\sigma} e^{-\frac{(x-\mu)^2}{2\sigma^2}}\right) dx$$
$$= -\int_{-\infty}^{\infty} \frac{1}{\sqrt{2\pi}\sigma} e^{-\frac{(x-\mu)^2}{2\sigma^2}} \left\{\log(\frac{1}{\sqrt{2\pi}\sigma}) + \log(e^{-\frac{(x-\mu)^2}{2\sigma^2}})\right\} dx$$
$$= -\log(\frac{1}{\sqrt{2\pi}\sigma}) \int_{-\infty}^{\infty} \frac{1}{\sqrt{2\pi}\sigma} e^{-\frac{(x-\mu)^2}{2\sigma^2}} dx$$
$$\quad - \int_{-\infty}^{\infty} \frac{1}{\sqrt{2\pi}\sigma} e^{-\frac{(x-\mu)^2}{2\sigma^2}} (-\frac{(x-\mu)^2}{2\sigma^2}) dx$$
$$= \log(\sqrt{2\pi}\sigma) + \frac{1}{2\sigma^2} \int_{-\infty}^{\infty} \frac{1}{\sqrt{2\pi}\sigma} e^{-\frac{(x-\mu)^2}{2\sigma^2}} (x-\mu)^2 dx$$
$$= \log(\sqrt{2\pi}\sigma) + \frac{1}{2\sigma^2} V(X) = \log(\sqrt{2\pi}\sigma) + \frac{1}{2}$$
$$= \frac{1}{2} \log(2\pi e \sigma^2)$$

を得る．したがって，正規分布のエントロピーは $H(X) = \frac{1}{2}\log(2\pi e\sigma^2)$ である．

練習問題

(1) 確率変数 X の密度関数 $f(x)$ が次の式で与えられている．このとき $E(X), V(X)$ を求めよ．

$$f(x) = \begin{cases} 0 & (x < -1) \\ \frac{3}{2}x^2 & (-1 \leq x \leq 1) \\ 0 & (1 < x) \end{cases}$$

(2) 確率変数 X, Y の結合分布の密度関数を

$$h(x, y) = \begin{cases} x^2 y & (0 < x < 1, 0 < y < \sqrt{6} \text{ のとき}) \\ 0 & (\text{それ以外}) \end{cases}$$

とする．以下の問いに答えよ．
　(i) $h(x,y)$ が密度関数の条件を満たすことを確かめよ．
　(ii) 周辺分布の密度関数を求めよ．

(3) X は正規分布 $N(50, 10^2)$ である．標準正規分布表を用いて各値を求めよ．
　(i) $P(50 \leq X \leq 60)$
　(ii) $P(50 \leq X \leq 70)$
　(iii) $P(40 \leq X \leq 60)$
　(iv) $P(40 \leq X \leq 70)$
　(v) $P(X > 70)$
　(vi) $P(X > a) = 0.03$ となる a を求めよ．

(4) 受験生が 2000 名とする．500 点満点で得点 X の分布が正規分布 $N(315, 35^2)$ で近似されるとする．標準正規分布表を用いて以下の問に答えよ．
　(i) 250 点以上で 350 点以下の受験生は約何名か．
　(ii) 400 点以上の受験生は約何名か．
　(iii) 約何点以上であれば上位 500 名に入るか．

(5) 1000 名の受験生が 300 点満点の試験を受けた．得点 X は正規分布 $N(180, 25^2)$ で近似されるという．約何点以上であれば上位 100 名にはいるか．

(6) カイ 2 乗分布の定義 5.3.2 における関数 $f(x)$ が密度関数の条件を満たしていることを確かめよ．

(7) 確率変数 X の分布が自由度 m の χ^2-分布 $\chi^2(m)$ とする．つぎの問いに答えよ．
　(i) X の平均は $E(X) = m$ である．
　(ii) X の分散は $V(X) = 2m$ である．

(8) 確率変数 X の分布がパラメータ λ の 指数分布とする．つぎの問いに答えよ．

(i) X の平均は $E(X) = \dfrac{1}{\lambda}$ である.

(ii) X の分散は $V(X) = \dfrac{1}{\lambda^2}$ である.

第6章

極限定理

独立な確率変数の和に対する極限定理(大数の法則,中心極限定理)を示し,その応用例を紹介する.

6.1 大数の法則,中心極限定理

分散は確率変数の(平均からの)ばらつきの程度を表わす量であることを,正確に述べたものがつぎのチェビシェフの不等式である.

命題 6.1.1. (チェビシェフの不等式) 平均 $E(X) = \mu$, 分散 $V(X) = \sigma^2$ の確率変数 X とする. $\epsilon > 0$ とする.
このとき, $P(|X - \mu| \geq \epsilon) \leq \dfrac{\sigma^2}{\epsilon^2}$ である.

証明. (1)X が離散型の場合. X のとる値を $x_1, x_2, \ldots, x_n$ とする.

$$\sigma^2 = E((X-\mu)^2)$$
$$= \sum_{i=1}^{n}(x_i-\mu)^2 P(X=x_i)$$
$$= \sum_{|x_i-\mu|<\epsilon}(x_i-\mu)^2 P(X=x_i) + \sum_{|x_i-\mu|\geq\epsilon}(x_i-\mu)^2 P(X=x_i)$$
$$\geq \sum_{|x_i-\mu|\geq\epsilon}(x_i-\mu)^2 P(X=x_i)$$
$$\geq \sum_{|x_i-\mu|\geq\epsilon}\epsilon^2 P(X=x_i)$$
$$= \epsilon^2 \sum_{|x_i-\mu|\geq\epsilon} P(X=x_i)$$
$$= \epsilon^2 P(|X-\mu|\geq\epsilon)$$

したがって, $P(|X-\mu|\geq\epsilon) \leq \dfrac{\sigma^2}{\epsilon^2}$ である.

(2)X が連続型の場合. X の密度関数を $f(x)$ とする.

$$\sigma^2 = E((X-\mu)^2)$$
$$= \int_{-\infty}^{\infty}(x-\mu)^2 f(x)dx$$
$$= \int_{|x-\mu|<\epsilon}(x-\mu)^2 f(x)dx + \int_{|x-\mu|\geq\epsilon}(x-\mu)^2 f(x)dx$$
$$\geq \int_{|x-\mu|\geq\epsilon}(x-\mu)^2 f(x)dx$$
$$\geq \int_{|x-\mu|\geq\epsilon}\epsilon^2 f(x)dx$$
$$= \epsilon^2 \int_{|x-\mu|\geq\epsilon} f(x)dx$$
$$= \epsilon^2 P(|X-\mu|\geq\epsilon)$$

したがって, $P(|X-\mu|\geq\epsilon) \leq \dfrac{\sigma^2}{\epsilon^2}$ である. □

チェビシェフの不等式で分散 σ が小さければ,確率変数 X が平均 μ から ϵ だけずれる確率 $P(|X-\mu|\geq \epsilon)$ が小さな値 $\frac{\sigma^2}{\epsilon^2}$ でおさえられることになり,分散の意味を表現していることになっている.

例 6.1.1. 離散型の確率変数 X が 2 項分布 $B(5,\frac{1}{2})$ とする.$\mu = E(X) = \frac{5}{2}$,$\sigma^2 = V(X) = \frac{5}{4}$ であり,分布の具体的な表はつぎの表で与えられることに注意して,$\epsilon = 2$ の場合の確率 $P(|X-\frac{5}{2}|\geq 2)$ を具体的に計算し,チェビシェフの不等式が成り立っていることを確かめよ.

X の値	0	1	2	3	4	5	計
確率	$\frac{1}{32}$	$\frac{5}{32}$	$\frac{10}{32}$	$\frac{10}{32}$	$\frac{5}{32}$	$\frac{1}{32}$	1

(解) $|X-\frac{5}{2}|\geq 2$ をみたす X の値は表より $X = 0, 5$ のみである.したがって $P(|X-\frac{5}{2}|\geq 2) = P(X=0) + P(X=5) = \frac{1}{32} + \frac{1}{32} = \frac{1}{16}$ である.一方,$\frac{\sigma^2}{\epsilon^2} = \frac{\frac{5}{4}}{4} = \frac{5}{16}$ だから確かにチェビシェフの不等式

$$P(|X-\frac{5}{2}|\geq 2) = \frac{1}{16} \leq \frac{5}{16} = \frac{\sigma^2}{\epsilon^2}$$

をみたしている.

問 6.1.1. 連続型の確率変数 X の分布がパラメータ 2 の指数分布とする.$\epsilon = 1$ としたとき,確率 $P(|X-\mu|\geq \epsilon)$ を実際に求め,チェビシェフの不等式が成り立っていることを確かめよ.

定理 6.1.1. (大数の弱法則) 互いに独立な確率変数の列 $\{X_1, X_2, \ldots, X_n, \ldots\}$ を考える.

$E(X_n) = \mu$ $(n=1,2,\ldots)$, $V(X_n) = \sigma^2$ $(n=1,2,\ldots)$ とする.$\overline{X}_n = \frac{1}{n}\sum_{i=1}^{n} X_i$ とおく.このとき,任意の $\epsilon > 0$ とするとき $\lim_{n\to\infty} P(|\overline{X}_n - \mu| \geq \epsilon) = 0$ である.

証明. 確率変数 $\overline{X}_n$ の平均は $E(\overline{X}_n) = E(\frac{1}{n}\sum_{i=1}^{n} X_i) = \frac{1}{n}\sum_{i=1}^{n} E(X_i) = \mu$ である.また分散は,互いに独立であることより $V(\overline{X}_n) = V(\frac{1}{n}\sum_{i=1}^{n} X_i) = $

$\frac{1}{n^2}\sum_{i=1}^{n} V(X_i) = \frac{\sigma^2}{n}$ である．するとチェビシェフの不等式より

$$0 \le P(|\overline{X}_n - \mu| \ge \epsilon) \le \frac{1}{\epsilon^2}\frac{\sigma^2}{n} \to 0 \quad (n \to \infty)$$

したがって，$\lim_{n\to\infty} P(|\overline{X}_n - \mu| \ge \epsilon) = 0$ である． □

(注) この定理の意味を不正確ではあるがあらっぽく言うと，十分大きな n をとると確率変数 $\overline{X}_n$ はほぼ確率 1 で値 μ をとることを主張している．

証明なしに正規分布の重要性を示すつぎの定理（中心極限定理）を紹介する．

定理 6.1.2.（中心極限定理）確率変数の列 $\{X_1, X_2, \ldots, X_n, \ldots\}$ を考える．$\{X_n\}$ は独立で同じ分布をもつとする．
$E(X_n) = \mu \ (n = 1, 2, \ldots), V(X_n) = \sigma^2 \ (n = 1, 2, \ldots)$ とし，$\overline{X}_n = \frac{1}{n}\sum_{i=1}^{n} X_i$ とおく．
このとき，任意の $a, b \ (a < b)$ に対して

$$\lim_{n\to\infty} P\left(a < \frac{\overline{X}_n - \mu}{\frac{\sigma}{\sqrt{n}}} \le b\right) = \int_a^b \frac{1}{\sqrt{2\pi}} e^{-\frac{x^2}{2}} dx$$

である．

(注 1) 中心極限定理は $\overline{X}_n$ を標準化したとき，標準正規分布に収束することを意味している．

(注 2) $\overline{X}_n$ を書きかえると，以下のようになる．

$$\frac{\overline{X}_n - \mu}{\frac{\sigma}{\sqrt{n}}} = \frac{\sum_{i=1}^{n} X_i - n\mu}{\sqrt{n}\sigma}$$

このことに注意すると以下の系を得る．

系 6.1.1. 確率変数の列 $\{X_1, X_2, \ldots, X_n, \ldots\}$ を考える．$\{X_n\}$ は独立で同じ分布をもつとする．

$E(X_n) = \mu$ $(n = 1, 2, \ldots), V(X_n) = \sigma^2$ $(n = 1, 2, \ldots)$ とし, $S_n = \sum_{i=1}^{n} X_i$ とおく.

このとき, 任意の a, b $(a < b)$ に対して

$$\lim_{n \to \infty} P\left(a < \frac{S_n - n\mu}{\sqrt{n}\sigma} \le b\right) = \int_a^b \frac{1}{\sqrt{2\pi}} e^{-\frac{x^2}{2}} dx$$

である.

(**注**) $E(S_n) = n\mu$, $V(S_n) = (\sqrt{n}\sigma)^2$ であることに注意.

系 6.1.2. 確率変数の列 $\{X_1, X_2, \ldots, X_n, \ldots\}$ が独立で同じ分布 $B(1, p)$ であるとする. $S_n = \sum_{i=1}^{n} X_i$ とおく.

このとき, 任意の a, b $(a < b)$ に対して

$$\lim_{n \to \infty} P\left(a < \frac{S_n - np}{\sqrt{np(1-p)}} \le b\right) = \int_a^b \frac{1}{\sqrt{2\pi}} e^{-\frac{x^2}{2}} dx$$

である.

証明. $E(X_n) = p$, $V(X_n) = \left(\sqrt{p(1-p)}\right)^2$ による. □

十分大きな n に対して $\dfrac{S_n - n\mu}{\sqrt{n}\sigma}$ は標準正規分布 $N(0, 1)$ と見なせる (近似できる) から

$$P(a < S_n \le b) = P(\frac{a - n\mu}{\sqrt{n}\sigma} < \frac{S_n - n\mu}{\sqrt{n}\sigma} \le \frac{b - n\mu}{\sqrt{n}\sigma})$$

$$\approx \int_{\frac{a-n\mu}{\sqrt{n}\sigma}}^{\frac{b-n\mu}{\sqrt{n}\sigma}} \frac{1}{\sqrt{2\pi}} e^{-\frac{x^2}{2}} dx$$

$$= \int_a^b \frac{1}{\sqrt{2\pi}\sqrt{n}\sigma} e^{-\frac{(t-n\mu)^2}{2(\sqrt{n}\sigma)^2}} dt$$

を得る. したがって, 十分大きな n に対して $S_n = \sum_{i=1}^{n} X_i$ は平均 $n\mu$, 分散 $(\sqrt{n}\sigma)^2$ の正規分布と見なせる (近似できる).

シンボリックに書くと,

$X_i = \mu$ で $V(X_i) = \sigma^2$ のとき，n が十分に大きければ，$S_n \approx N\left(n\mu, (\sqrt{n}\sigma)^2\right)$

となる．

特に，十分大きな n に対して，2項分布 $B(n,p)$ は正規分布 $N(np, \left(\sqrt{np(1-p)}\right)^2)$ で近似できる．実際，$\{X_1, X_2, \ldots, X_n, \ldots\}$ が独立で同じ分布 $B(1,p)$ のとき，$X = \sum_{i=1}^{n} X_i$ の分布は2項分布 $B(n,p)$ となるから．

シンボリックな表現であるが，以下のことが云える．

n が十分に大きいとき，$B(n,p) \approx N\left(np, \left(\sqrt{np(1-p)}\right)^2\right)$

6.2 正規分布の応用

中心極限定理により，n が十分大きいとき $B(n,p) \approx N\left(np, \left(\sqrt{np(1-p)}\right)^2\right)$ となることを使っていくつかの問題を解いてみよう．

例 6.2.1. ○×式の問題が50題ある．でたらめに解答したとき20題から30題あたる確率を求めよ．

(解) 正解である問題数を X とすると，X の分布は2項分布 $B(50, \frac{1}{2})$ である．k 題正解である確率 $P(X = k)$ は $P(X = k) = {}_{50}C_k(\frac{1}{2})^{50}$ $(k = 0, 1, 2, \ldots, 50)$ である．したがって20題から30題あたる確率は正確には $\sum_{k=20}^{30} {}_{50}C_k \left(\frac{1}{2}\right)^{50}$ である．

正規分布で近似して求めることにする．2項分布 $B(50, \frac{1}{2})$ の平均は $50 \times \frac{1}{2} = 25$ で，分散は $50 \times \frac{1}{2} \times \frac{1}{2} = (\frac{5\sqrt{2}}{2})^2$ であることに注意して，$B(50, \frac{1}{2}) \approx$

$N(25, (\frac{5\sqrt{2}}{2})^2)$ となる. $\frac{5\sqrt{2}}{2} = 3.535$ に注意して

$$P(20 \leq X \leq 30) \fallingdotseq P(19.5 \leq X \leq 30.5)$$
$$= P\left(\frac{19.5 - 25}{\frac{5\sqrt{2}}{2}} \leq \frac{X - 25}{\frac{5\sqrt{2}}{2}} \leq \frac{30.5 - 25}{\frac{5\sqrt{2}}{2}}\right)$$
$$= P\left(\frac{19.5 - 25}{3.54} \leq \frac{X - 25}{\frac{5\sqrt{2}}{2}} \leq \frac{30.5 - 25}{3.54}\right)$$
$$= P\left(-1.55 \leq \frac{X - 25}{\frac{5\sqrt{2}}{2}} \leq 1.55\right) = 2 \times 0.4394$$
$$= 0.8788$$

を得る.

(注) $\sum_{k=20}^{30} {}_{50}C_k \left(\frac{1}{2}\right)^{50}$ を正確に求めると 0.88108 となり，良い近似であることが分かる．また，○×式の2択問題はでたらめに答えても正解数がかなり多くなり，試験問題としてはふさわしくないことがわかる．

例 6.2.2. 3択問題が50題ある．でたらめに解答したとき20題から30題正解である確率を求めよ．

(解) 正解である問題数を X とすると，X の分布は2項分布 $B(50, \frac{1}{3})$ である．k 題正解である確率 $P(X = k)$ は

$$P(X = k) = {}_{50}C_k (\frac{1}{3})^k (1 - \frac{1}{3})^{50-k} = {}_{50}C_k \frac{2^{50-k}}{3^{50}} \ (k = 0, 1, 2, \ldots, 50)$$

である．したがって20題から30題あたる確率は正確には $\sum_{k=20}^{30} {}_{50}C_k \frac{2^{50-k}}{3^{50}}$ である．

正規分布で近似して求めることにする．2項分布 $B(50, \frac{1}{3})$ の平均は $50 \times \frac{1}{3} = \frac{50}{3}$ で，分散は $50 \times \frac{1}{3} \times \frac{2}{3} = (\frac{10}{3})^2$ であることに注意して，

$B(50, \frac{1}{3}) \approx N(\frac{50}{3}, (\frac{10}{3})^2)$ となる．$\frac{50}{3} = 16.667, \frac{10}{3} = 3.333$ に注意して

$$P(20 \leq X \leq 30) \fallingdotseq P(19.5 \leq X \leq 30.5)$$
$$= P\left(\frac{19.5 - \frac{50}{3}}{\frac{10}{3}} \leq \frac{X - \frac{50}{3}}{\frac{10}{3}} \leq \frac{30.5 - \frac{50}{3}}{\frac{10}{3}}\right)$$
$$= P\left(\frac{19.5 - 16.67}{3.33} \leq \frac{X - \frac{50}{3}}{\frac{10}{3}} \leq \frac{30.5 - 16.67}{3.33}\right)$$
$$= P\left(0.84 \leq \frac{X - \frac{50}{3}}{\frac{10}{3}} \leq 4.14\right) = 0.5 - 0.2995$$
$$= 0.20$$

を得る．

（注） $\sum_{k=20}^{30} {}_{50}C_k \frac{2^{50-k}}{3^{50}}$ を正確に求めると 0.196383 となる．2 択問題に比較して，でたらめに答えたときの正解数の確率がかなり低くなることがわかる．

問 6.2.1. 3 択問題が 40 題ある試験を受けた．各問題の解をでたらめに選んだとする．つぎの各問に答えよ．

(1) 40 題中，正解となる回数を X とする．X の正確な分布はなんであるか述べよ．

(2) X の分布が正規分布で近似できるという．どのような正規分布で近似できるか述べよ．

(3) 20 題以上正解である確率を求めよ．

練習問題

(1) 3 択問題が 60 題ある．でたらめに解答したとき 30 題以上正解である確率を求めよ．

(2) サイコロを 30 回なげて，1 の目が 10 回以上でる確率を求めよ．

(3) サイコロを 60 回なげて，1 の目が 20 回以上でる確率を求めよ．

第7章

統計とデータ

7.1 母集団と統計量

7.1.1 母集団

　日本人の18才男子の身長，全所帯の年収，テレビ番組の視聴率，内閣の支持率あるいは蛍光灯の寿命などのように，我々が知りたい統計的な対象を**母集団**という．

　母集団はある確率分布にしたがうと考える．たとえば，身長であればおよそ150cmから200cmまでの間に分布していると考えられる．確率分布にしたがう母集団の平均を**母平均**，分散を**母分散**とよび，このように母集団を特徴づけるパラメータを**母数**という．母平均や母分散は母数の例である．

　ところで母集団の分布を知るにはどうしたらよいであろうか．すべてをしらみつぶしで調査するのがひとつの考えである．18才男子の身長であれば，全員の身長を測定する．テレビ番組の視聴率であれば全所帯に機器をつけて調査する．しかし，このことは実際には費用・手間・プライバシーなどの問題があり極めて困難か不可能である．

　蛍光灯の寿命の検査については，商品である蛍光灯をすべて検査することは全く不可能である．このように事実上困難な場合や原理的に不可能な場合については，母集団から**無作為抽出**（random sampling）したものについて検査・測定を行うことが考えられる．このように無作為抽出したものを，母

集団にたいして**標本**とよぶ．日本人 18 才男子の身長の場合，たとえば 500 人を無作為に抽出しその身長を検査したとき，これが標本であり個数の 500 を**標本の大きさ（サイズ）**という．

標本から母数などもとの母集団の情報をどのようにして得るか，またその情報の信頼性はどのように保証されるかを明らかにすることが数理統計学の役割である．

どのように標本を選んだら無作為抽出になるかは事例ごとに慎重に考える必要がある．内閣の支持率の場合に，特定の年令にかたよったり，男性のみから選んだり，特定の政党の支持者にかたよったり，高所得者から選んだりすることは，明らかに無作為抽出にはならない．

無作為抽出の意味（結果）を以下のように数学的に定式化しよう．

標本のサイズを n とする．母集団からランダムに n 個抽出し，その値（実現値）を $x_1, x_2, \ldots, x_n$ とする．$x_1, x_2, \ldots, x_n$ がどのような値をとるかはあらかじめ厳密には分からないが，母集団の分布と同じ分布をもつ n 個の独立な確率変数 $X_1, X_2, \ldots, X_n$ の実現値と見なす．

（実現）値 $x_1, x_2, \ldots, x_n$ から定まる関数 $T(x_1, x_2, \ldots, x_n)$ を考える．たとえば

$$\overline{x} = T(x_1, x_2, \ldots, x_n) = \frac{1}{n} \sum_{i=1}^{n} x_i$$

$$T(x_1, x_2, \ldots, x_n) = \frac{1}{n} \sum_{i=1}^{n} (x_i - \overline{x})^2$$

などが考えられる．$T(x_1, x_2, \ldots, x_n)$ において $x_1, x_2, \ldots, x_n$ を確率変数 $X_1, X_2, \ldots, X_n$ でおきかえたもの $T(X_1, X_2, \ldots, X_n)$ とおき**統計量**とよぶ．統計量は確率変数であることに注意しよう．

定義 7.1.1.
(1) $\overline{X} = \frac{1}{n} \sum_{i=1}^{n} X_i$ とおき，**標本平均**という．

(2) $V^2 = \dfrac{1}{n}\sum_{i=1}^{n}(X_i - \overline{X})^2$ とおき，**標本分散**という．

(3) $S^2 = \dfrac{1}{n-1}\sum_{i=1}^{n}(X_i - \overline{X})^2$ とおき，**不偏標本分散**という．

標本分散と標本不偏分散との関係などについては，次節で説明する．

7.1.2 不偏推定量

標本をとおして，母平均，母分散などの母数の情報を得ることを考える．母数を θ とするとき，統計量 $\hat{\theta}(X_1, X_2, \ldots, X_n)$ で推定することにする．

定義 7.1.2. $\hat{\theta}$ の平均 $E(\hat{\theta})$ が $E(\hat{\theta}) = \theta$ となるとき，統計量 $\hat{\theta}$ を θ の**不偏推定量**とよぶ．

(注) $E(\hat{\theta})$ の直観的意味は以下のとおりである．

無作為抽出により，サイズ n の標本をとりその実現値 $\hat{\theta}(x_1, x_2, \ldots, x_n)$ を計算する．その操作を何回も繰り返したときの平均が $E(\hat{\theta})$ である．

したがって，母数を標本をとおして推定するには不偏推定量を用いるのが望ましい．

サイズが n の標本を考える．すなわち，$X_1, X_2, \ldots, X_n$ は，独立で同じ分布（母集団の分布）をもつ．平均を μ とし，分散を σ^2 とする．標本平均 $\overline{X} = \dfrac{1}{n}\sum_{i=1}^{n} X_i$ とし，標本分散 $V^2 = \dfrac{1}{n}\sum_{i=1}^{n}(X_i - \overline{X})^2$ とする．

命題 7.1.1.
(1) $E(\overline{X}) = \mu$ であり，標本平均 $\overline{X}$ は平均の不偏推定量である．
(2) $E(V^2) = \dfrac{n-1}{n}\sigma^2$ となり，標本分散は分散の不偏推定量ではない．

証明． (1) の証明．

$$E(\overline{X}) = E(\frac{1}{n}\sum_{i=1}^{n} X_i) = \frac{1}{n}\sum_{i=1}^{n} E(X_i)$$
$$= \frac{1}{n}n\mu = \mu$$

(2) の証明.

$$E(V^2) = E\left(\frac{1}{n}\sum_{i=1}^{n}(X_i - \overline{X})^2\right) = \frac{1}{n}\sum_{i=1}^{n}E\left((X_i - \overline{X})^2\right)$$
$$= \frac{1}{n}\sum_{i=1}^{n}E(X_i^2 - 2X_i\overline{X} + \overline{X}^2)$$
$$= \frac{1}{n}\sum_{i=1}^{n}\left(E(X_i^2) - 2E(X_i\overline{X}) + E(\overline{X}^2)\right)$$

となる. そこで $E(X_i^2)$, $E(X_i\overline{X})$, $E(\overline{X}^2)$ を求める.
(i) $\sigma^2 = V(X_i) = E(X_i^2) - E(X_i)^2 = E(X_i^2) - \sigma^2$ より $E(X_i^2) = \sigma^2 + \mu^2$ となる.
(ii)

$$E(X_i\overline{X}) = E\left(X_i\frac{1}{n}\sum_{j=1}^{n}X_j\right) = E\left(\frac{1}{n}\sum_{j=1}^{n}X_iX_j\right)$$
$$= \frac{1}{n}\sum_{j=1}^{n}E(X_iX_j)$$

である. $i \neq j$ のとき, X_i と X_j とは独立だから $E(X_iX_j) = E(X_i)E(X_j) = \mu^2$ となる. また $i = j$ のとき $E(X_iX_j) = E(X_i^2) = \sigma^2 + \mu^2$ となる. したがって,

$$E(X_i\overline{X}) = \frac{1}{n}\sum_{j=1}^{n}E(X_iX_j) = \frac{1}{n}\left((n-1)\mu^2 + (\sigma^2 + \mu^2)\right)$$
$$= \mu^2 + \frac{1}{n}\sigma^2$$

となる.

(iii)

$$E(\overline{X}^2) = E\left((\frac{1}{n}\sum_{i=1}^n X_i)(\frac{1}{n}\sum_{j=1}^n X_j)\right) = E\left(\frac{1}{n^2}\sum_{i=1}^n\sum_{j=1}^n X_i X_j\right)$$
$$= \frac{1}{n^2}\sum_{i=1}^n\sum_{j=1}^n E(X_i X_j) = \frac{1}{n^2}\left(\sum_{i=j} E(X_i X_j) + \sum_{i\neq j} E(X_i X_j)\right)$$
$$= \frac{1}{n^2}\left(n(\sigma^2 + \mu^2) + (n^2 - n)\mu^2\right) = \frac{1}{n^2}(n\sigma^2 + n^2\mu^2)$$
$$= \frac{1}{n}\sigma^2 + \mu^2$$

を得る.

(iv) したがって

$$E(V^2) = \frac{1}{n}\sum_{i=1}^n \left(E(X_i^2) - 2E(X_i\overline{X}) + E(\overline{X}^2)\right)$$
$$= \frac{1}{n}\sum_{i=1}^n \left((\sigma^2 + \mu^2) - 2(\mu^2 + \frac{1}{n}\sigma^2) + (\mu^2 + \frac{1}{n}\sigma^2)\right)$$
$$= \frac{1}{n}\sum_{i=1}^n (1 - \frac{1}{n})\sigma^2 = \frac{1}{n}n(1 - \frac{1}{n})\sigma^2$$
$$= \frac{n-1}{n}\sigma^2$$

となる. □

命題 7.1.2. 不偏標本分散 $S^2 = \dfrac{1}{n-1}\sum_{i=1}^n (X_i - \overline{X})^2$ は, $E(S^2) = \sigma^2$ となる. したがって, S^2 は分散 σ^2 の不偏推定量である.

証明. $S^2 = \dfrac{n}{n-1}\dfrac{1}{n}\sum_{i=1}^n (X_i - \overline{X})^2 = \dfrac{n}{n-1}V^2$ だから $E(S^2) = \dfrac{n}{n-1}E(V^2) = \dfrac{n}{n-1}\dfrac{n-1}{n}\sigma^2 = \sigma^2$ となる. □

7.2 推定

標本を用いて，未知の母数がどの程度の信頼性でどの範囲（区間）にあるかを推定する問題を考えてみよう．未知の母数が厳密な意味で正確に分かるわけではないので，ある確率でどの範囲にあるかを考える（推定する）ことになる．このような推定を**区間推定**という．

θ を未知の母数とする．θ が区間 (t_1, t_2) にはいる確率 $P(t_1 < \theta < t_2)$ が $P(t_1 < \theta < t_2) = \alpha$ となるとき，区間 (t_1, t_2) を**信頼区間**といい，α を**信頼係数**または**信頼度**という．信頼係数は通常は 0.95 または 0.99 にとることが多い．できるだけ信頼係数は高く，できるだけ信頼区間は狭いことが望ましい．しかし，これは相反する望みであり，実際には信頼係数をあげると信頼区間は広くなる．

簡単な例で区間推定の考え方を紹介する．

例 7.2.1. 母集団の分布が正規分布（正規母集団）とする．分散が既知で母平均の区間推定を行う．信頼係数 α を $\alpha = 0.95$ および $\alpha = 0.99$ で以下の具体例で信頼区間を求めよ．

(1) **具体例 1**．タイヤの寿命を考える（タイヤの寿命を母集団とする）．タイヤの寿命が標準偏差 $\sigma = 5000\,(\mathrm{km})$ の正規分布にしたがうものとする．25 本のタイヤの走行テストで標本平均（の実現値）が $\overline{x} = 59000\,(\mathrm{km})$ であったとする．信頼区間を求めよ．

(2) **具体例 2**．40 人のクラスで数学の試験をした．点数が標準偏差 $\sigma = 17$ の正規分布にしたがうものとする．無作為抽出で 4 人を選んだとき，その 4 人の点数が 82, 50, 83, 93 であった．信頼区間を求めよ．

(解) (1) (i) 信頼係数 $\alpha = 0.95$ で信頼区間を求める．母平均を μ とする．$\overline{X} = \dfrac{1}{n}\sum_{i=1}^{n} X_i$ とおくと，$\overline{X}$ は平均 μ の不偏推定量で，その分布は平均 μ，分散 σ^2 の正規分布 $N(\mu, \sigma^2)$ である．したがって，$\overline{X}$ を標準化した統計量 $T = \dfrac{\overline{X} - \mu}{\frac{\sigma}{\sqrt{n}}}$ は標準正規分布 $N(0, 1)$ にしたがう．

標準正規分布の表より，$P(-1.96 < T < 1.96) = 0.95 = \alpha$ であることに

注意すると，

$$0.95 = P(-1.96 < T < 1.96) = P(-1.96 < \frac{\overline{X} - \mu}{\frac{\sigma}{\sqrt{n}}} < 1.96)$$

$$= P(\overline{X} - 1.96 \times \frac{\sigma}{\sqrt{n}} < \mu < \overline{X} + 1.96 \times \frac{\sigma}{\sqrt{n}})$$

となる．$\overline{x} = 59000$, $\sigma = 5000$ (km), $n = 25$ であるので，$59000 - 1.96 \times \frac{5000}{25} = 59000 - 1.96 \times 1000 = 57040$, $59000 + 1.96 \times \frac{5000}{25} = 59000 + 1.96 \times 1000 = 60960$ となる．

ゆえに，母平均 μ は信頼係数 0.95 で $57040 < \mu < 60960$ であり，区間 $(57040, 60960)$ の中にある．すなわち信頼区間は $(57040, 60960)$ である．

(ii) 信頼係数 $\alpha = 0.99$ で信頼区間を求める．標準正規分布の表より，$P(-2.58 < T < 2.58) = 0.99 = \alpha$ であることに注意する．

$$0.99 = P(-2.58 < T < 2.58) = P(-2.58 < \frac{\overline{X} - \mu}{\frac{\sigma}{\sqrt{n}}} < 2.58)$$

$$= P(\overline{X} - 2.58 \times \frac{\sigma}{\sqrt{n}} < \mu < \overline{X} + 2.58 \times \frac{\sigma}{\sqrt{n}})$$

となる．$\overline{x} = 59000$, $\sigma = 5000$ (km), $n = 25$ であるので，$59000 - 2.58 \times \frac{5000}{\sqrt{25}} = 59000 - 2.58 \times 1000 = 56420$, $59000 + 2.58 \times \frac{5000}{\sqrt{25}} = 59000 + 2.58 \times 1000 = 61580$ となる．ゆえに信頼区間は $(56420, 61580)$ である．

(2) 母平均を μ とする．$n = 4$, $\overline{x} = \frac{1}{4}(82+50+83+93) = 77$, $\sigma = 17$ である．$77 - 1.96 \times \frac{17}{\sqrt{4}} = 77 - 1.96 \times 8.5 = 60.3$, $77 + 1.96 \times \frac{17}{\sqrt{4}} = 77 + 1.96 \times 8.5 = 93.7$ であるから，信頼係数 0.95 で信頼区間は $(60.3, 93.7)$ である．
信頼係数 0.99 で求める．$77 - 2.58 \times \frac{17}{\sqrt{4}} = 77 - 2.58 \times 8.5 = 55.1$, $77 + 2.58 \times \frac{17}{\sqrt{4}} = 77 + 2.58 \times 8.5 = 98.9$ であるから，信頼係数 0.98 で信頼区間は $(55.1, 98.9)$ である．

7.3 検定

仮説検定とは，仮説をたてたときその仮説が支持（受理）できるのかあるいは支持できないのかを，判断する統計的な手法である．

たとえば，コインを100回投げたとき表が95回でたとする．このときこのコインに表と裏がでることに関して偏りがあるかどうかを判断したい．ほとんどの人が偏りがあると判断するであろう．しかし，偏りがない（すなわち1回コインをふったとき表の出る確率と裏の出る確率が等しく各々$\frac{1}{2}$）場合でも表が95回以上でる可能性は零ではないので，偏りがあると判断するのは，そのようなことが起こる確率がきわめて小さいということを，暗に認めているためであろう．

それではコインを100回投げたとき表が65回でた場合はどうであろうか．偏りがあるのであろうか，それともないのであろうか．仮説検定をまだ学んでいない人にとっては，判断に苦しむのではないでしょうか．

仮説検定はこのような問題に以下のようにして答える．

まず仮説「偏りがない，すなわちこのコインの表と裏のでる確率pは等しく$p=1/2$である」をたてる．そのうえで，この仮説のもとではめったに起こらない事象（確率が非常に小さい事象）はどのような事象であるかを求める．つぎに「65回表がでる」ことがその事象に属していれば，この仮説のもとではまず起こらないことが生じたということでこの仮説を棄てる（**棄却する**），その事象に属していなければこの仮説を棄却しない（間接的に**採択・支持・受理**する）と判断する．このように仮説を棄却するかどうかを問題にしているので，このような仮説を無に帰するという意味で**帰無仮説 (null hypothesis)**という．帰無仮説を否定したものを**対立仮説**という．

帰無仮説をH_0，対立仮説をH_1と書く．まめったには起こらない事象を表わす集合を**棄却域**とよぶ．さらに帰無仮説を棄却するかしないかの指標に用いる確率を**有意水準**といい，通常は0.05か または0.01とする．

母数が（ベクトルではなく）実数のときは，棄却域が数直線内の集合（実数全体Rの部分集合）となる．そのとき，棄却域を両側，すなわち区間$(-\infty, c] \cup [d, \infty)$とするとき，**両側検定**という．また，棄却域を片側，すなわち区間$(-\infty, c]$かまたは$[c, \infty)$とするとき，**片側検定**という．片側検定のうち，棄却域が下側，すなわち区間$(-\infty, c]$のとき，**下側検定**といい，上側，すなわち$[c, \infty)$のとき，**上側検定**という．

両側検定にするのか，片側検定にするのかは問題による．具体的には対立仮説の内容による．

帰無仮説を棄却すると，間接的に対立仮説を採択（受理，支持）することになる．一方帰無仮説を棄却できないと，「間接的に」帰無仮説を採択（受理，支持）することになる．したがって対立仮説の内容を考えて，両側検定にするのか，片側検定にするのか（片側検定の場合には，上側検定にするのか，下側検定にするのか）を決めることになる．

具体的な例で考えてみよう．

例 7.3.1. コインを10回投げたとき，表が9回でた．コインに偏りがないかどうかを有意水準5％で検定せよ．

(問題の設定) この問題では，偏りがないかどうかを問題にしているので，表の出る確率と裏の出る確率が等しく，確率 $p = 1/2$ であるかどうかを問題にしている．したがって，帰無仮説は $H_0 : p = 1/2$ であり，対立仮説は $H_1 : p \neq 1/2$ である．表が異常に多く出ても異常に少なくても帰無仮説を棄却したい（対立仮説を支持したい）ので，両側検定で検定を行う．

(解) 帰無仮説は $H_0 : p = 1/2$, 対立仮説は $H_1 : p \neq 1/2$ とし，両側検定で検定を行う．

表の出る回数を T とし，棄却域を求める．1回の試行で表の出る確率が p のとき，n 回独立に試行したとき表の出る回数 T のしたがう分布は2項分布 $B(n,p)$ であることはよく知られおり，この問題では T の分布は $B(10, 1/2)$ である．すなわち，k 回表の出る確率（$T = k$ となる確率）$P(T = k)$ は

$$P(T = k) = {}_{10}C_k \left(\frac{1}{2}\right)^k \left(1 - \frac{1}{2}\right)^{10-k}$$
$$= {}_{10}C_k \left(\frac{1}{2}\right)^{10}$$
$$= \frac{10 \times 9 \times \cdots \times (10-k+1)}{k!} \frac{1}{1024}$$

となる．ただし，$(k = 0, 1, 2, \ldots, 10)$．具体的に表に書く．ただし，行が長くなるので2つに分けて表示する．

T の値	0	1	2	3	4	5
確率	$\frac{1}{1024}$	$\frac{10}{1024}$	$\frac{45}{1024}$	$\frac{120}{1024}$	$\frac{210}{1024}$	$\frac{252}{1024}$

T の値	6	7	8	9	10	計
確率	$\frac{210}{1024}$	$\frac{120}{1024}$	$\frac{45}{1024}$	$\frac{10}{1024}$	$\frac{1}{1024}$	1

となる．小数で2行で表示すると

T の値	0	1	2	3	4	5
確率	0.001	0.010	0.044	0.117	0.205	0.246

T の値	6	7	8	9	10	計
確率	0.205	0.117	0.044	0.010	0.001	1

となる．$P(T \leq t_1$ または $T \geq t_2) \leq 0.05$ となる棄却域を求める．t_1 と t_2 は対称にとるのが妥当だと考えられるから $P(T \leq t$ または $T \geq 10 - t) \leq 0.05$ となる t を求める．

T の分布を与える表より，$P(T = 0$ または $T = 10) = 0.002$, $P(T \leq 1$ または $T \geq 9) = 0.022$, $P(T \leq 2$ または $T \geq 8) = 0.11$ となるから，求める t は 1 である．

したがって，棄却域は $\{0, 1, 9, 10\}$ となる．（または，両側の区間 $(\infty, 1] \cup [9, \infty)$ と書いても良い）

9回表がでており $(T = 9)$ 棄却域に入るので，有意水準5％で帰無仮説 $H_0 : p = 1/2$ は棄却される．したがって偏りがあると考えられる．

（別解） 帰無仮説は $H_0 : p = 1/2$，対立仮説は $H_1 : p \neq 1/2$ とし，両側検定で検定を行う．

表の出る回数を T とし，棄却域を求める．1回の試行で表の出る確率が p のとき，n 回独立に試行したとき表の出る回数 T の従う分布は2項分布 $B(n, p)$ であることはよく知られている．

また n が十分大きいときは，中心極限定理により2項分布 $B(n, p)$ は正規分布 $N(np, (\sqrt{np(1-p)})^2)$ で近似できることもよく知られている．そこでこの問題 T の分布である2項分布 $B(10, 1/2)$ を，正規分布 $N(5, (\sqrt{5/2})^2)$ で

近似する.

すなわち，T の分布は正規分布 $N(5,(\sqrt{5/2})^2)$ と見なす．標準化すると $\dfrac{T-5}{\sqrt{5/2}}$ の分布は標準正規分布 $N(0,1)$ と見なす．

$P\left(\left|\dfrac{T-5}{\sqrt{5/2}}\right| \geq t\right) \leq 0.05$ となる t を標準正規分布表により求めると $t = 1.96$ となる．したがって，$\left|\dfrac{T-5}{\sqrt{5/2}}\right| \geq 1.96$ をみたす T の範囲が棄却域である．絶対値をはずして書きなおすと $T \geq 5 + 1.96 \times \sqrt{5/2} = 8.10$ または $T \leq 5 - 1.96 \times \sqrt{5/2} = 1.90$ である．整理すると，棄却域は $(-\infty, 1.90) \cup (8.10, \infty)$ である．

9 回表がでており $(T=9)$ 棄却域に入るので，有意水準 5 ％で帰無仮説 $\mathrm{H}_0 : p = 1/2$ は棄却される．したがって偏りがあると考えられる．

例 7.3.2. コインを 10 回投げたとき，表が 9 回でた．このコインは表が出やすいかを有意水準 5 ％で検定せよ．

(問題の設定) この問題では表が出やすいかどうか，すなわち表の出る確率が $1/2$ より大きいかどうかを問題にしている．したがって，帰無仮説は $\mathrm{H}_0 : p = 1/2$ であり，対立仮説は $\mathrm{H}_1 : p > 1/2$ である．

表が異常に多い場合に帰無仮説を棄却したい（対立仮説を支持・採択したい）ので，片側検定の上側検定を行う．

（表が異常に少ない場合は帰無仮説を棄却せず，したがって対立仮説を支持・採択しないことに注意．このことが本問を上側検定で検定することの理由である）

(解) 帰無仮説は $\mathrm{H}_0 : p = 1/2$，対立仮説は $\mathrm{H}_1 : p > 1/2$ とし，上側検定で検定を行う．

表の出る回数を T とし，棄却域を求める．1 回の試行で表の出る確率が p のとき，n 回独立に試行したとき表の出る回数 T の従う分布は 2 項分布 $B(n,p)$ であり，この問題では例 7.3.1 と同じく T の分布は $B(10, 1/2)$ である．

$P(T \geq t) \leq 0.05$ となる棄却域を求める．表より t を求める．$P(T = 10) = 0.001$, $P(T \geq 9) = P(T = 10) + P(T = 9) = 0.011 < 0.05$,

$P(T \geq 8) = P(T=10) + P(T=9) + P(T=8) = 0.055 > 0.05$ だから求めるtは$t=9$である．したがって，棄却域は $\{9, 10\}$ である．

9回表がでており $(T=9)$ 棄却域に入るので，有意水準5％で帰無仮説 $H_0 : p = 1/2$ は棄却され，対立仮説 $H_1 : p > 1/2$ が採択される．

すなわち，このコインは表が出やすいと判断できる．

(別解) 帰無仮説は $H_0 : p = 1/2$, 対立仮説は $H_1 : p > 1/2$ とし，上側検定で検定を行う．

表の出る回数を T とし，棄却域を求める．1回の試行で表の出る確率が p のとき，n 回独立に試行したとき表の出る回数 T の従う分布は2項分布 $B(n, p)$ であることはよく知られている．

また n が十分大きいときは，中心極限定理により2項分布 $B(n, p)$ は正規分布 $N(np, (\sqrt{np(1-p)})^2)$ で近似できることもよく知られている．そこでこの問題 T の分布である2項分布 $B(10, 1/2)$ を，正規分布 $N(5, (\sqrt{5/2})^2)$ で近似する．

すなわち，T の分布は正規分布 $N(5, (\sqrt{5/2})^2)$ と見なす．標準化すると $\dfrac{T-5}{\sqrt{5/2}}$ の分布は標準正規分布 $N(0, 1)$ と見なす．

$P\left(\dfrac{T-5}{\sqrt{5/2}} \geq t\right) \leq 0.05$ となる t を標準正規分布表により求めると $t = 1.65$ である．したがって，$\dfrac{T-5}{\sqrt{5/2}} \geq 1.65$ をみたす T の範囲が棄却域である．すなわち $T \geq 5 + 1.65 \times \sqrt{5/2} = 7.60$ となり，棄却域は区間 $(7.60, \infty)$ である．9回表がでており $(T=9)$ 棄却域に入るので，有意水準5％で帰無仮説 $H_0 : p = 1/2$ は棄却され，対立仮説 $H_1 : p > 1/2$ が採択される．

すなわち，このコインは表が出やすいと判断できる．

(注) 正規分布で近似して求めた棄却域は，具体的に書きなおすと $\{8, 9, 10\}$ となり，最初に求めた棄却域と異なるのは，最初に求めた棄却域は厳密に計算した結果であり，別解で求めたものは近似だから，その誤差による．

問 7.3.1. コインを100回投げたとき，表が65回でた．つぎの各問いに答えよ．

(1) コインに偏りがないかどうかを有意水準 5 % で検定せよ．
(2) コインに偏りがないかどうかを有意水準 1 % で検定せよ．

7.4 回帰直線

　高校 3 年生のあるクラスの男子の身長と体重とのデータを比較したとき，ある種の相関があることは容易に想像できる．背の高い生徒の体重と，背の低い生徒の体重とを比べたとき，総体としては背の高い生徒の方が体重がより重いことは私たちが経験上よく知っていることである．

　このように 2 組のデータが与えられているとき，その間の相関を直線的・一次関数的な関係で比較してみることを考えてみよう．また，この関係と 55 ページで述べた共分散や 60 ページで述べた相関係数との関連についても議論する．

　クラスの男子 n 人の身長と体重のような，n 個のデータの組 $\{(x_1, y_1), (x_2, y_2), \ldots, (x_n, y_n)\}$ がある．このデータ x_i と y_i との間を一次関係で近似する．別の言い方をすると，平面上に n 個の点 (x_i, y_i) $(i = 1, 2, \ldots, n)$ をプロットしたとき，そのプロットした点たちを直線で近似する．

　近似の目安としては，直線 $y = ax + b$ 上に $x = x_i$ における点たち $(x_i, ax_i + b)$ $(i = 1, 2, \ldots n)$ をとり，それとデータの点たちとの y-成分の差の 2 乗の和

$$\sum_{i=1}^{n} (y_i - (ax_i + b))^2$$

をできるだけ小さくするようにする（**最小 2 乗法**という）．

まず簡単な例で考えてみよう．

例 7.4.1. xy-平面上の 3 点 $(1, 1), (2, 3), (3, 2)$ を「最も良く」近似する直線を求めよ．

（解） 近似する直線の方程式を $y = ax + b$ とおき，y-成分の差の 2 乗の和を

$f(a,b)$ とおく.

$$f(a,b) = (1-(a\cdot 1+b))^2 + (3-(a\cdot 2+b))^2 + (2-(a\cdot 3+b))^2$$
$$= 14a^2 + 3b^2 + 12ab - 26a - 12b + 14$$

となる. 最小性から $\frac{\partial f}{\partial a}f(a,b) = \frac{\partial f}{\partial b}f(a,b) = 0$ だから, $14a+6b=13$, $2a+b=2$ となる. 連立一次方程式を解くと $a=1/2, b=1$ を得る. したがって, 「最もよく近似」する直線の式は $y=1/2x+1$ である.

問題: $\sum_{i=1}^n (y_i-(ax_i+b))^2$ を最小にする a,b を求めよ.

a,b を求めたいので, 最小性から a,b が満たすべき方程式を作る. a,b の関数を $f(a,b) = \sum_{i=1}^n (y_i-(ax_i+b))^2$ とおく. $f(a,b)$ を a および b について偏微分する.

$$\frac{\partial f}{\partial a}f(a,b) = \sum_{i=1}^n \frac{\partial f}{\partial a}(y_i-(ax_i+b))^2 = -2\sum_{i=1}^n x_i(y_i-(ax_i+b))$$
$$= -2\left\{\sum_{i=1}^n x_i y_i - (\sum_{i=1}^n x_i^2)a - (\sum_{i=1}^n x_i)b\right\}$$

となる. 同様にして

$$\frac{\partial f}{\partial b}f(a,b) = -2\left\{\sum_{i=1}^n y_i - (\sum_{i=1}^n x_i)a - nb\right\}$$

となる. したがって, $f(a,b)$ を最小とする a,b は $\frac{\partial f}{\partial a}f(a,b) = \frac{\partial f}{\partial b}f(a,b) = 0$ より

$$\begin{cases} (\sum_{i=1}^n x_i^2)a + (\sum_{i=1}^n x_i)b &= \sum_{i=1}^n x_i y_i \\ (\sum_{i=1}^n x_i)a + nb &= \sum_{i=1}^n y_i \end{cases}$$

となり, a,b に関する連立一次方程式を得る. これを解くと

$$a = \frac{\frac{1}{n}\sum_{i=1}^n x_i y_i - (\frac{1}{n}\sum_{i=1}^n x_i)(\frac{1}{n}\sum_{i=1}^n y_i)}{\frac{1}{n}\sum_{i=1}^n x_i^2 - (\frac{1}{n}\sum_{i=1}^n x_i)^2}$$
$$b = \frac{(\frac{1}{n}\sum_{i=1}^n x_i^2)(\frac{1}{n}\sum_{i=1}^n y_i) - (\frac{1}{n}\sum_{i=1}^n x_i)(\frac{1}{n}\sum_{i=1}^n x_i y_i)}{\frac{1}{n}\sum_{i=1}^n x_i^2 - (\frac{1}{n}\sum_{i=1}^n x_i)^2}$$

7.4. 回帰直線

を得る.

a,b の統計的な意味を考える. $x_1,x_2,\ldots,x_n$ を一様分布にしたがう確率変数 X のとる値とし, 同様に $y_1,y_2,\ldots,y_n$ を一様分布にしたがう確率変数 Y のとる値とする. さらに X と Y の結合分布を以下のようにする. 各 $i,j=1,2,\ldots,n$ に対して, X が値 x_i をとりかつ Y が値 y_j をとる確率 $P(X=x_i,Y=y_j)$ が

$$P(X=x_i,Y=y_j) = \begin{cases} \frac{1}{n}, & ((x_iy_j) \in \{(x_1,y_1),\ldots,(x_n,y_n)\}) \text{ のとき} \\ 0, & ((x_i,y_j) \notin \{(x_1,y_1),\ldots,(x_n,y_n)\}) \text{ のとき} \end{cases}$$

で与えられるとする. すなわち, 平面上の n 個の点 $(x_1,y_1),\ldots,(x_n,y_n)$ にのみ一様に確率 $1/n$ をとり, それ以外の点では確率 0 となる (したがって, それ以外の点はとらない) ものとする.

簡単な例で, いま述べたことを具体的に説明する.

例 7.4.2. (x,y) の組からなる 3 個のデータ $(1,1),(2,3),(3,2)$ を考える. 上記の意味により X と Y の結合分布を表であらわせ.

(解) 結合分布は, 各 $i=1,2,3; j=1,3,2$ に対して $P(X=i,Y=j)$ が

$$P(X=i,Y=j) = \begin{cases} \frac{1}{3} & ((i,j) \in \{(1,1),(2,3),(3,2)\}) \text{ のとき} \\ 0 & ((i,j) \notin \{(1,1),(2,3),(3,2)\}) \text{ のとき} \end{cases}$$

だから

3	0	1/3	0
2	0	0	1/3
1	1/3	0	0
Y \ X	1	2	3

となる.

一般に X,Y の分布および X と Y の結合分布が上記のように与えられているとしたとき, X,Y の平均 $E(X),E(Y)$, 標準偏差 $\sigma(X)$, $\sigma(Y)$ および 55 ページの共分散 $C(X,Y)$ や 60 ページの相関係数 ϱ を求めてみる.

$$E(X) = \frac{1}{n}\sum_{i=1}^{n} x_i,\ E(Y) = \frac{1}{n}\sum_{i=1}^{n} y_i$$

$$V(X) = \sigma(X)^2 = E(X^2) - E(X)^2 = \frac{1}{n}\sum_{i=1}^{n} x_i^2 - (\frac{1}{n}\sum_{i=1}^{n} x_i)^2$$

$$V(Y) = \sigma(Y)^2 = E(Y^2) - E(Y)^2 = \frac{1}{n}\sum_{i=1}^{n} y_i^2 - (\frac{1}{n}\sum_{i=1}^{n} y_i)^2$$

$$E(XY) = \sum_{i=1}^{n} x_i y_i \times \frac{1}{n} = \frac{1}{n}\sum_{i=1}^{n} x_i y_i,$$

$$C(X,Y) = E(XY) - E(X)E(Y) = \frac{1}{n}\sum_{i=1}^{n} x_i y_i - (\frac{1}{n}\sum_{i=1}^{n} x_i)(\sum_{i=1}^{n} y_i)$$

$$\varrho = \frac{C(X,Y)}{\sigma(X)\sigma(Y)}$$

となる.

そこで先ほど求めた a, b を $E(X), \sigma(X), C(X,Y), \varrho$ などを使って表わすことにする.

$$a = \frac{E(XY) - E(X)E(Y)}{E(X^2) - E(X)^2} = \frac{C(X,Y)}{\sigma(X)^2} = \varrho\,\frac{\sigma(Y)}{\sigma(X)}$$

$$b = \frac{E(X^2)E(Y) - E(X)E(XY)}{E(X^2) - E(X)^2}$$

$$= \frac{(E(X^2) - E(X)^2)E(Y) + E(X)^2 E(Y) - E(X)E(XY)}{\sigma(X)^2}$$

$$= \frac{\sigma(X)^2 E(Y) - E(X)(E(X)E(Y) - E(XY))}{\sigma(X)^2}$$

$$= \frac{\sigma(X)^2 E(Y) - C(X,Y)E(X)}{\sigma(X)^2} = E(Y) - \varrho\,\frac{\sigma(Y)}{\sigma(X)}E(X)$$

となる. 整理すると $a = \varrho\,\dfrac{\sigma(Y)}{\sigma(X)},\ b = E(Y) - \varrho\,\dfrac{\sigma(Y)}{\sigma(X)}E(X)$ を得る.

以上のことを整理するとつぎの命題を得る.

命題 7.4.1. n 個のデータの組 $\{(x_1, y_1), (x_2, y_2), \ldots, (x_n, y_n)\}$ を $y = ax + b$

で近似する直線の方程式の係数は $a = \dfrac{C(X,Y)}{\sigma(X)^2} = \varrho \dfrac{\sigma(Y)}{\sigma(X)}$, $b = E(Y) - \varrho \dfrac{\sigma(Y)}{\sigma(X)} E(X)$ である.

したがって，直線の方程式は $y = \varrho \dfrac{\sigma(Y)}{\sigma(X)} (x - E(X)) + E(Y)$ である.

(注) 点 $(E(X), E(Y))$ はこの直線上にのっていることに注意する.

定義 7.4.1. 直線

$$y = \frac{C(X,Y)}{\sigma(X)^2}(x - E(X)) + E(Y) = \varrho \frac{\sigma(Y)}{\sigma(X)}(x - E(X)) + E(Y)$$

を x に対する y の**回帰直線**という.

例 7.4.3. つぎのデータ (x,y) で x に対する y の回帰直線の式を求めよ.
$(1,2), (3,5), (4,7), (6,6), (9,10)$

(解) $E(X) = (1+3+4+6+9)/5 = 4.6$, $E(Y) = (2+5+7+6+10)/5 = 6$, $\sigma(X)^2 = (1^2+3^2+4^2+6^2+9^2)/5 - 4.6^2 = 28.6 - 21.16 = 7.44$, $C(X,Y) = E(XY) - E(X)E(Y) = (1 \cdot 2 + 3 \cdot 5 + 4 \cdot 7 + 6 \cdot 6 + 9 \cdot 10)/5 - 4.6 \cdot 6 = 6.6$ であるから，$a = C(X,Y)/\sigma(X)^2 = 6.6/7.44 = 0.89$ である．したがって，x に対する y の回帰直線は $y = 0.89(x - 4.6) + 6$ である.

確率変数についての共分散，相関係数などとの関係で回帰直線を説明したので $C(X,Y), E(X), \varrho$ などの記号を使って回帰直線の式を記載したが，通常はつぎの記号を使用する.

命題 7.4.2.（回帰直線の式）(x,y) の組からなる n 個のデータ $\{(x_1, y_1), (x_2, y_2), \ldots, (x_n, y_n)\}$ とする．y の x に対する回帰直線の式は

$$y = \frac{\sigma_{x,y}}{\sigma_x^2}(x - \overline{x}) + \overline{y} = r \frac{\sigma_y}{\sigma_x}(x - \overline{x}) + \overline{y}$$

である．ただし

$$\overline{x} = \frac{1}{n}\sum_{i=1}^{n} x_i,\ \overline{y} = \frac{1}{n}\sum_{i=1}^{n} y_i,$$

$$\sigma_x^2 = \frac{1}{n}\sum_{i=1}^{n} x_i^2 - (\frac{1}{n}\sum_{i=1}^{n} x_i)^2,\ \sigma_y^2 = \frac{1}{n}\sum_{i=1}^{n} y_i^2 - (\frac{1}{n}\sum_{i=1}^{n} y_i)^2,$$

$$\sigma_{x,y} = \frac{1}{n}\sum_{i=1}^{n} x_i y_i - (\frac{1}{n}\sum_{i=1}^{n} x_i)(\sum_{i=1}^{n} y_i)$$

$$r = \frac{\sigma_{x,y}}{\sigma_x \sigma_y}$$

である．r は相関係数 である．

問 7.4.1. つぎのデータ (x,y) で x に対する y の回帰直線の式，および相関係数を求めよ．
$(1,5),(2,6),(4,2),(5,7),(7,1)$

練習問題

(1) コインを 100 回投げたとき，表が 65 回でた．つぎの各問いに答えよ．
　(i) コインに偏りがないかどうかを有意水準 5％で検定せよ．
　(ii) コインに偏りがないかどうかを有意水準 1％で検定せよ．

(2) つぎのデータ (x,y) で x に対する y の回帰直線の式，および相関係数を求めよ．
$(1,5),(2,6),(4,2),(5,7),(7,1)$

(3) (x,y) の組からなる n 個のデータ $\{(x_1,y_1),(x_2,y_2),\ldots,(x_n,y_n)\}$ に対して，直線 $x = cy + d$ で近似する問題，すなわち x の y に対する回帰直線を求める問題を考える．c および d を求めよ．

(4) つぎのデータ (x,y) で x に対する y の回帰直線の式，および y に対する x の回帰直線の式，および相関係数を求めよ．
$(1,1),(1,3),(4,1),(4,3),(7,1),(7,3)$

付録

ガンマ関数

階乗！を実数上の関数として拡張したものに，ガンマ関数 $\Gamma(z)$ というものがある．

定義 A.1. $z > 0$ のとき，$\Gamma(z) = \int_0^\infty e^{-t} t^{z-1} dt$ とおく．

積分の収束性に関する厳密な議論は省略する．

例 A.1. つぎの値を求めよ．
(1) $\Gamma(1) = \int_0^\infty e^{-t} dt$
(2) $\Gamma(2) = \int_0^\infty e^{-t} t \, dt$
(3) $\Gamma\left(\dfrac{1}{2}\right) = \int_0^\infty e^{-t} t^{-\frac{1}{2}} dt$
(4) $\Gamma\left(\dfrac{3}{2}\right)$

（解） (1).
$$\int_0^\infty e^{-t} dt = \left[-e^{-t}\right]_0^\infty = -\lim_{t \to \infty} e^{-t} - (-e^{-0}) = e^0 = 1$$
したがって $\Gamma(1) = 1$ である．

(2). 部分積分法と, $\lim_{t\to\infty}(e^{-t}t)=0$ とを使う.

$$\int_0^\infty e^{-t}tdt = \left[-e^{-t}t\right]_0^\infty - \int_0^\infty (-e^{-t})dt$$
$$= -\lim_{t\to\infty}(e^{-t}t) - (-e^{-0}o) + \int_0^\infty e^{-t}dt$$
$$= \int_0^\infty e^{-t}dt = \Gamma(1) = 1$$

したがって $\Gamma(2)=1$ である.

(3).
$$\Gamma\left(\frac{1}{2}\right) = \int_0^\infty e^{-t}t^{-\frac{1}{2}}dt = \int_0^\infty e^{-x^2}x^{-1}2xdx$$
$$= 2\int_0^\infty e^{-x^2}dx = \sqrt{\pi}$$

を得る. 途中の式の変形では, $t=x^2$ とおき置換積分を行い, また $\int_{-\infty}^\infty e^{-ax^2}dx = \sqrt{\dfrac{\pi}{a}}$ を使っている.

(4). 部分積分法と, $\lim_{t\to\infty} e^{-t}t^{\frac{1}{2}} = 0$ とを使う.

$$\Gamma\left(\frac{3}{2}\right) = \int_0^\infty e^{-t}t^{\frac{1}{2}}dt = \left[-e^{-t}t^{\frac{1}{2}}\right]_0^\infty - \int_0^\infty (-e^{-t})\frac{1}{2}t^{-\frac{1}{2}}dt$$
$$= \frac{1}{2}\int_0^\infty e^{-t}t^{-\frac{1}{2}}dt = \frac{1}{2}\sqrt{\pi}$$

命題 A.1. (ガンマ関数の性質)

(1) $\Gamma(z+1) = z\Gamma(z) \quad (z > -1)$
(2) $\Gamma(n) = (n-1)! \quad (n=1,2,\ldots)$
(3) $\Gamma\left(n+\dfrac{1}{2}\right) = \dfrac{(2n-1)!!}{2^n}\sqrt{\pi} \quad (n=1,2,3,\ldots)$

ただし, $(2n-1)!! = (2n-1) \times (2n-3) \times (2n-5) \times \cdots \times 3 \times 1$ である.

証明． (1) 部分積分法と，$\lim_{t \to \infty} e^{-t} t^{z-1} = 0$ とを使う．

$$\Gamma(z+1) = \int_0^\infty e^{-t} t^z dt = \left[-e^{-t} t^z \right] - \int_0^\infty (-e^{-t}) t^{z-1} dt$$
$$= z \int_0^\infty e^{-t} t^{z-1} dt = z\Gamma(z)$$

となる．

(2) n に関する数学的帰納法で示す．$\Gamma(1) = 1 = (1-1)!$ だから $n = 1$ のとき成り立つ．n のとき $\Gamma(n) = (n-1)!$ が成り立つと仮定する．(1) を使って，$\Gamma(n+1) = n\Gamma(n) = n \times (n-1)! = n! = ((n+1)-1)!$ となるから，$n+1$ のときも成り立つことが示せた．

(3) n に関する数学的帰納法で示す．$\Gamma\left(1 + \frac{1}{2}\right) = \frac{1}{2}\sqrt{\pi} = \frac{1!!}{2^1}\sqrt{\pi}$ だから $n = 1$ のとき成り立つ．n のとき $\Gamma\left(n + \frac{1}{2}\right) = \frac{(2n-1)!!}{2^n}\sqrt{\pi}$ が成り立つと仮定する．(1) より，

$$\Gamma\left(n + 1 + \frac{1}{2}\right) = (n + \frac{1}{2})\Gamma(n + \frac{1}{2}) = (n + \frac{1}{2})\frac{(2n-1)!!}{2^n}\sqrt{\pi}$$
$$= \frac{(2n+1)(2n-1)!!}{2^{n+1}}\sqrt{\pi} = \frac{(2n+1)!!}{2^{n+1}}\sqrt{\pi}$$

となるから，$n+1$ のときも成り立つことが示せた．

□

(注) $\Gamma(z) = \int_0^\infty e^{-t} t^{z-1} dt$ において $z = 0$ とおいた積分 $\int_0^\infty e^{-t} t^{-1} dt$ は発散する．$\int_0^\infty e^{-t} t^{-1} dt = \infty$ となる．

実際，$0 < t \leq 1$ のとき $e^{-t} \geq e^{-1}$ だから $e^{-t} t^{-1} \geq e^{-1} t^{-1}$ となる．すると

$$\int_0^1 e^{-t} t^{-1} dt \geq \int_0^1 e^{-1} t^{-1} dt = e^{-1} \int_0^1 t^{-1} dt = e^{-1}(\log 1 - \lim_{t \to o} \log t) = \infty$$

となるから $\int_0^1 e^{-t} t^{-1} dt = \infty$ を得る．したがって $\int_0^1 e^{-t} t^{-1} dt = \infty$ となる．

ベータ関数

定義 A.2. $p, q > 0$ とする．$B(p, q) = \int_0^1 x^{p-1}(1-x)^{q-1}dx$ とおき，ベータ関数という．

命題 A.2. （ベータ関数の性質）
(1) $B(p, q) = B(q, p)$
(2) $B(p, q) = \dfrac{\Gamma(p)\Gamma(q)}{\Gamma(p+q)}$
(3) $B(p, q) = \displaystyle\int_0^\infty \dfrac{t^{p-1}}{(1+t)^{p+q}}dt$

証明． (1). $x = 1 - t$ とおき，置換積分をおこなう．

$$B(p, q) = \int_0^1 x^{p-1}(1-x)^{q-1}dx = \int_1^0 (1-t)^{p-1}(1-(1-t))^{q-1}(-1)dt$$
$$= \int_0^1 (1-t)^{p-1}t^{q-1}dt = B(q, p)$$

(2). $t = x^2$, $s = y^2$ とおき置換積分をおこない，さらに2重積分に変形する．

$$\Gamma(p)\Gamma(q) = \int_0^\infty e^{-t}t^{p-1}dt \int_0^\infty e^{-s}t^{q-1}ds$$
$$= \int_0^\infty e^{-x^2}(x^2)^{p-1}2xdx \int_0^\infty e^{-y^2}(y^2)^{q-1}2xdy$$
$$= 4\int_0^\infty e^{-x^2}x^{2p-1}dx \int_0^\infty e^{-y^2}y^{2q-1}dy$$
$$= 4\int_0^\infty \int_0^\infty e^{-(x^2+y^2)}x^{2p-1}y^{2q-1}dxdy$$

この 2 重積分において，変数 (x, y) をつぎのように極座標 (r, θ) に変換する．

$$\begin{cases} x = r\cos\theta \\ y = r\sin\theta \end{cases}$$

(r, θ) の動く範囲は $0 \leq r < \infty$, $0 \leq \theta \leq \frac{\pi}{2}$ となり，$dxdy = r\,drd\theta$ となるこ

とに注意して
$$\int_0^\infty \int_0^\infty e^{-(x^2+y^2)} x^{2p-1} y^{2q-1} dxdy$$
$$= \int_0^{\frac{\pi}{2}} \int_0^\infty e^{-r^2} (r\cos\theta)^{2p-1} (r\sin\theta)^{2q-1} rdrd\theta$$
$$= \int_0^{\frac{\pi}{2}} \int_0^\infty e^{-r^2} r^{2p+2q-1} \cos^{2p-1}\sin^{2q-1} drd\theta$$
$$= \int_0^\infty e^{-r^2} r^{2p+2q-1} dr \int_0^{\frac{\pi}{2}} \cos^{2p-1}\sin^{2q-1} d\theta$$

を得る．ここで最初の積分は $r^2 = t$ とおくと
$$\int_0^\infty e^{-r^2} r^{2p+2q-1} dr = \int_0^\infty e^{-t} t^{p+q-1} r \frac{1}{2r} dr$$
$$= \frac{1}{2} \int_0^\infty e^{-t} t^{p+q-1} dt = \frac{1}{2} \Gamma(p+q)$$

となる．2番目の積分は $\cos^2\theta = t$ とおくと，$-2\cos\theta\sin\theta\, d\theta = dt$ となるから
$$\int_0^{\frac{\pi}{2}} \cos^{2p-1}\sin^{2q-1} d\theta = \int_1^0 t^{p-1}\cos\theta (1-t)^{q-1}\sin\theta (-\frac{1}{2}\cos\theta\sin\theta) dt$$
$$= \frac{1}{2}\int_0^1 t^{p-1}(1-t)^{q-1} dt = \frac{1}{2} B(p,q)$$

となる．したがって
$$\Gamma(p)\Gamma(q) = 4\int_0^\infty \int_0^\infty e^{-(x^2+y^2)} x^{2p-1} y^{2q-1} dxdy = \Gamma(p+q) B(p,q)$$

を得る．

(3) $x = \dfrac{t}{1+t}$ とおくと
$$B(p,q) = \int_0^1 x^{p-1}(1-x)^{q-1} dx$$
$$= \int_0^\infty \left(\frac{t}{1+t}\right)^{p-1} \left(1 - \frac{t}{1+t}\right)^{q-1} \frac{1}{(1+t)^2} dt$$
$$= \int_0^\infty \frac{t^{p-1}}{(1+t)^{p-1}} \frac{1}{(1+t)^{q-1}} \frac{1}{(1+t)^2} dt$$
$$= \int_0^\infty \frac{t^{p-1}}{(1+t)^{p+q}} dt$$

となる. □

例 A.2. $\lambda > 0$ とする. $\int_{-\infty}^{\infty} \frac{1}{(1+x^2)^{\lambda+\frac{1}{2}}} dx = B\left(\frac{1}{2}, \lambda\right) = \frac{\Gamma(\lambda)}{\Gamma(\frac{1}{2}+\lambda)} \sqrt{\pi}$
となることを示せ.

(解) $x^2 = t$ と変数変換し置換積分をおこない, また $B(p,q) = \int_0^\infty \frac{t^{p-1}}{(1+t)^{p+q}} dt$
および $B(p,q) = \frac{\Gamma(p)\Gamma(q)}{\Gamma(p+q)}$ より

$$\int_{-\infty}^{\infty} \frac{1}{(1+x^2)^{\lambda+\frac{1}{2}}} dx = 2\int_0^\infty \frac{1}{(1+x^2)^{\lambda+\frac{1}{2}}} dx = 2\int_0^\infty \frac{1}{(1+t)^{\lambda+\frac{1}{2}}} \frac{1}{2t^{\frac{1}{2}}} dt$$
$$= \int_0^\infty \frac{t^{\frac{1}{2}-1}}{(1+t)^{\lambda+\frac{1}{2}}} dt = B\left(\frac{1}{2}, \lambda\right)$$
$$= \frac{\Gamma(\frac{1}{2})\Gamma(\lambda)}{\Gamma(\frac{1}{2}+\lambda)} = \frac{\Gamma(\lambda)}{\Gamma(\frac{1}{2}+\lambda)} \sqrt{\pi}$$

問 A.1. $\int_{-\infty}^{\infty} \frac{1}{1+x^2} dx$ を, 原始関数を使って直接求める方法と, ベータ関数を経由する方法の 2 通りの方法で求めよ.

(解) (1) $\frac{1}{1+x^2}$ の原始関数が $\tan^{-1} x$ であることを使う.

$$\int_{-\infty}^{\infty} \frac{1}{1+x^2} dx = \left[\tan^{-1} x\right]_{-\infty}^{\infty} = \frac{\pi}{2} - \left(-\frac{\pi}{2}\right) = \pi$$

(2)

$$\int_{-\infty}^{\infty} \frac{1}{1+x^2} dx = \int_{-\infty}^{\infty} \frac{1}{(1+x^2)^{\frac{1}{2}+\frac{1}{2}}} dx = B\left(\frac{1}{2}, \frac{1}{2}\right)$$
$$= \frac{\Gamma(\frac{1}{2})\Gamma(\frac{1}{2})}{\Gamma(\frac{1}{2}+\frac{1}{2})} = \frac{\sqrt{\pi}\sqrt{\pi}}{1} = \pi$$

となる.

参考書

[1] 佐藤　坦：はじめての確率論　測度から確率へ，共立出版，1994
[2] 伊藤　清三：ルベーグ積分入門，裳華房，1963
[3] 伊藤　清：確率論の基礎　新版，岩波書店，2004
[4] 稲垣　宣生：数理統計学，裳華房，1990
[5] 高松　俊朗：数理統計学入門，学術図書出版社，1977
[6] 坂　光一・水原　昂廣・宇野　力：例題中心　確率・統計入門，学術図書出版社，2001
[7] 篠田　正人・岡部　恭幸・末次　武明：確率論・統計学入門，共立出版，2008
[8] 鈴木　義一郎：統計学で楽しむ，講談社ブルーバックス，講談社，1985
[9] Thomas M.Covar and Joy A. Thomas：*Elements of Information Theory*, Wiley-Interscience, 1991
[10] 丹後　弘司：線型代数学入門，共立出版，2012
[11] 長田　尚・剣持　信行：解析学のための微分積分入門，共立出版，2006，(増補版 2013)
[12] 栗山　憲：論理・集合と位相空間入門，共立出版，2012

　上記の書籍は本書を書く際に大いに参考にさせていただきました．著者の皆さまには深く感謝申し上げます．
　読者の今後の勉強のために参考図書を簡単に紹介しておきます．

[1] は筆者の恩師で測度論をご専門にされている佐藤先生による本です．初歩から高度な内容までコンパクトでかつ明晰に書かれております．レビーの反転公式，中心極限定理など分かりやすく詳しく証明されております．是非，ご一読されるようおすすめします．

　[2] は測度の構成からはじめてフビニの定理，ラドン・ニコディムの定理，微分と積分の順序交換性，関数空間などルベーグ積分をくわしく述べてあります．確率論および函数解析学を学ぶ人にとっては是非読みたい本です．筆者の愛読書の一つで，学生時代には繰り返し読み現在も必要に応じて読み返しています．一読をおすすめします．

　[3] は確率論の世界的な大家である伊藤清先生の著書です．

　[4][5][6][7] は統計学についての本です．[4] は本格的な数理統計学の本で，検定・推定の基礎になる定理を数学的に厳密に証明されています．検定法や推定法の使い方だけではなく，その基礎をきちんと学びたい人におすすめします．[5] も統計学の基礎を数学的に厳密に取り扱われており，本書では証明を省略した定理も厳密に証明されています．[6][7] はさまざまな例を分かりやすく説明されています．例の一部を本書でも利用させてもらっています．

　[8] は講談社のブルーバックスの一つです．現実のなかから我々が関心をもちそうな例を説明されています．大相撲の例など，本書でも一部利用させてもらっています．

　[9] は情報理論に関する専門書です．情報理論を数学的に学びたい人には読みやすい本です．邦訳はまだありませんが英語が苦でない人におすすめです．

　[10] は線型代数の本です．離散型確率変数の積率母関数の一意性の証明の中で一次独立性やファンデルモンドの行列式など線型代数の知識を使っていますので，線型代数の知識が不足のかたは是非お読みください．

　[11] は解析学の本です．連続型の確率変数の個所では，微積分の知識を必要としています．離散型確率変数でもポアソン分布ではべき級数展開の知識が必要となっています．解析学の知識が不足されているかたはお読みください．

　[12] は拙著です．集合の取り扱いをさらに学びたい人，無限回コインを投げる試行全体からなる全事象が非可算集合になることなどを理解したい人は参考にしてください．

練習問題のヒントと解答

第1章

(1) (i) 以下の木から A の勝つ確率は $1/2 + 1/4 = 3/4$ であり，B の勝つ確率は $1/4$ である．

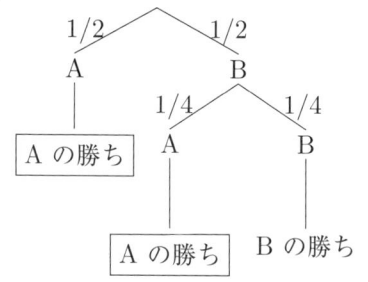

```
        1/2       1/2
         A         B
                1/4   1/4
      ┌──┐      A      B
      │Aの│      │      │
      │勝ち│   ┌──┐  Bの勝ち
      └──┘   │Aの│
              │勝ち│
              └──┘
```

(**別解**) あと $2\ (= 1 + 2 - 1)$ 回勝負すると決着がつくことに注意する．すると，可能性は $\{(AA), (AB), (BA), (BB)\}$ だから A の勝つ確率は $3/4$ で B の勝つ確率は $1/4$ である．

(ii) 以下の木から A の勝つ確率は $11/16$ であり，B の勝つ確率は $5/16$ であるから 11 対 5 で分配する．

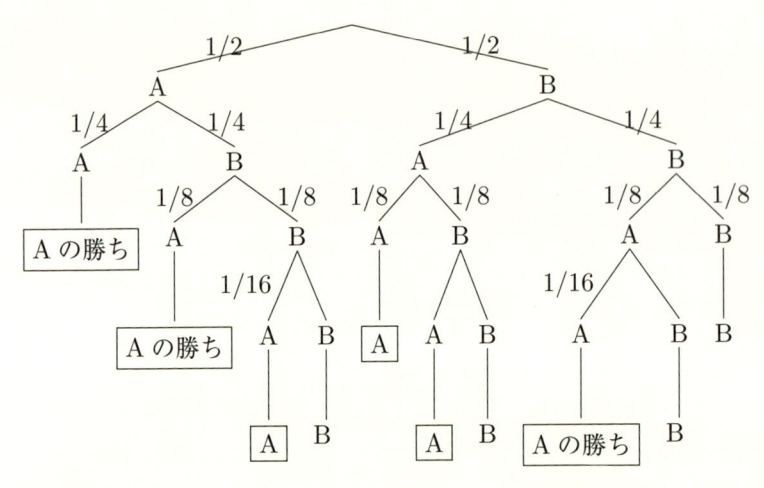

```
         1/2              1/2
       A                      B
   1/4    1/4            1/4     1/4
   A       B             A         B
         1/8  1/8     1/8  1/8   1/8  1/8
[Aの勝ち]  A    B      A    B     A      B
            1/16                1/16
   [Aの勝ち] A  B   [A]  A  B    A   B   B
              A  B    [A]  B   [Aの勝ち] B
```

(**別解**) あと 4 (= 2 + 3 − 1) 回勝負すると決着がつくことに注意する．すると，可能性は

$$\left\{\begin{array}{l}(A,A,A,A),(A,A,A,B),(A,A,B,A),(A,A,B,B),\\(A,B,A,A),(A,B,A,B),(A,B,B,A),(A,B,B,B),\\(B,A,A,A),(B,A,A,B),(B,A,B,A),(B,A,B,B),\\(B,B,A,A),(B,B,A,B),(B,B,B,A),(B,B,B,B)\end{array}\right\}$$

である．A の勝つ確率は $\dfrac{11}{16}$ であり，A の勝つ確率は $\dfrac{7}{16}$ でありであるから，11 対 5 で分配する．

(**注**) 本質的には同じ解法であるがつぎのように 2 通りの考えで解いても良い．

(第 1 の解法) A はあと 2 回勝てばゲームの勝利者になることに注意する．
2 勝 0 敗で勝つ場合：$\dfrac{1}{2} \times \dfrac{1}{2} = \dfrac{1}{4}$
2 勝 1 敗で勝つ場合 (ただし，最後の勝負は A の勝ち)：${}_2C_1(\dfrac{1}{2})^2\dfrac{1}{2} = \dfrac{2}{8}$
2 勝 2 敗で勝つ場合 (ただし，最後の勝負は A の勝ち)：${}_3C_1(\dfrac{1}{2})^3\dfrac{1}{2} = \dfrac{3}{16}$
したがって，A の勝つ確率は $\dfrac{1}{4} + \dfrac{2}{8} + \dfrac{3}{16} = \dfrac{11}{16}$ である．B の勝つ確率は

$1 - \frac{11}{16} = \frac{5}{16}$ を得る.

（第 2 の解法）4 回のうち A は 2 回勝てばゲームの勝利者になるので，4 回のうち A が 2 回以上である場合の数は ${}_2C_4 + {}_3C_4 + {}_4C_4 = 6 + 4 + 1 = 11$ である．したがって，A の勝つ確率は $\frac{11}{16}$ を得る．

(2) $k+l-1$ 回で勝負の決着がつくことに注意する．A が勝者となる確率は $\frac{\sum_{i=k}^{k+l-1} {}_{k+l-1}C_i}{2^{k+l-1}}$ であり，B が勝者となる確率は $\frac{\sum_{i=0}^{k-1} {}_{k+l-1}C_i}{2^{k+l-1}}$ である．したがって，$(\sum_{i=k}^{k+l-1} {}_{k+l-1}C_i)$ 対 $(\sum_{i=0}^{k-1} {}_{k+l-1}C_i)$ で分配すればよい．

(3)
$$\sum_{i=1}^{m}\sum_{j=1}^{n} i^2 \times j^2 = \left(\sum_{i=1}^{m} i^2\right)\left(\sum_{j=1}^{n} j^2\right) = \frac{m(m+1)(2m+1)}{6}\frac{n(n+1)(2n+1)}{6}$$
である．

(4)
$$\sum_{i=1}^{m}\sum_{j=1}^{n}(i+j) = \sum_{i=1}^{m}\left\{\sum_{j=1}^{n}(i+j)\right\} = \sum_{i=1}^{m}\left\{\sum_{j=1}^{n}i + \sum_{j=1}^{n}j\right\}$$
$$= \sum_{i=1}^{m}\left\{ni + \frac{n(n+1)}{2}\right\} = \sum_{i=1}^{m} ni + \sum_{i=1}^{m}\frac{n(n+1)}{2}$$
$$= n\frac{m(m+1)}{2} + m\frac{n(n+1)}{2} = \frac{nm(n+m+2)}{2}$$

である．

第 2 章

(1) (i) 表を H, 裏を T と表わすことにする．$\Omega = \{(HH), (HT), (TH), (TT)\}$ である．また，$A = \{(HT), (TH)\}$，$B = \{(HH), (HT), (TH)\}$ である．
(ii) $A \subset B$ だから $A \cup B = B = \{(HH), (HT), (TH)\}$ である．$(A \cup B)^C = \{(TT)\}$, $A^C = \{(HH), (TT)\}$, $B^C = \{(TT)\}$, $A^C \cap B^C = \{(TT)\}$ であ

る.

(2) (i) $P(A\backslash B) = P(A) - P(A\cap B) = 0.3$, $P(B\backslash A) = P(B) - P(A\cap B) = 0.1$
(ii) $P(A \cup B) = P(A) + P(B) - P(A \cap B) = 0.6$ である.
(iii) $P(A^C \cap B^C) = P((A \cup B)^C) = 1 - P(A \cup B) = 0.4$ である.

(3)

$$P(A \setminus (B \cap C)) = P(A) - P(A \cap (B \cup C)) = P(A) - P((A \cap B) \cup (A \cap C))$$
$$= P(A) - \{P(A \cap B) + P(A \cap C) - P((A \cap B) \cap (A \cap C))\}$$
$$= P(A) - \{P(A \cap B) + P(A \cap C) - P(A \cap B \cap C)\}$$
$$= 0.6 - (0.4 + 0.3 - 0.2) = 0.1$$

となる. $P(A \setminus (B \cap C)) = 0.1$ である.

(4) 公式

$$P(A \cup B \cup C) = P(A) + P(B) + P(C) - P(A \cap B) - P(B \cap C) - P(C \cap A)$$
$$+ P(A \cap B \cap C)$$

を用いる. $P(B \cap C) = 0.5 + 0.5 + 0.4 - 0.3 - 0.2 + 0.1 - 0.8 = 0.2$ である.

(5)

$$P(A \cup B \cup C \cup D) = P((A \cup B \cup C) \cup D)$$
$$= P(A \cup B \cup C) + P(D) - P((A \cup B \cup C) \cap D)$$
$$= P(A \cup B \cup C) + P(D) - P((A \cap D) \cup (B \cap D) \cup (C \cap D))$$
$$= P(A \cup B \cup C) + P(D)$$
$$\quad - \big\{ P(A \cap D) + P(B \cap D) + P(C \cap D)$$
$$\quad\quad - P((A \cap D) \cap (B \cap D)) - P((A \cap D) \cap (C \cap D))$$
$$\quad\quad - P((B \cap D) \cap (C \cap D)) + P((A \cap D) \cap (B \cap D) \cap (C \cap D)) \big\}$$
$$= P(A \cup B \cup C) + P(D)$$
$$\quad - \big\{ P(A \cap D) + P(B \cap D) + P(C \cap D)$$
$$\quad\quad - P(A \cap B \cap D) - P(A \cap C \cap D) - P(B \cap C \cap D)$$
$$\quad\quad + P(A \cap B \cap C \cap D) \big\}$$
$$= \big\{ P(A) + P(B) + P(C) - P(A \cap B) - P(A \cap C) - P(B \cap C)$$
$$\quad\quad + P(A \cap B \cap C) \big\} + P(D)$$
$$\quad - \big\{ P(A \cap D) + P(B \cap D) + P(C \cap D)$$
$$\quad\quad - P(A \cap B \cap D) - P(A \cap C \cap D) - P(B \cap C \cap D)$$
$$\quad\quad + P(A \cap B \cap C \cap D) \big\}$$

となり，示せた．

(6) (i) $\Omega = \{(i,j) \mid i,j = 0,1\}$ である．具体的に書き下すと．

$$\Omega = \big\{ (000), (001), (010), (011), (100), (101), (110), (111) \big\}$$

である．要素の個数は $2^3 = 8$ 個である．

(ii) $A_0 = \{(000)\}$ より $P(A_0) = 1/8$ である．$A_1 = \{(001),(010),(100)\}$ だから $P(A_1) = 3/8$ である．$A_2 = \{(011),(101),(110)\}$ だから $P(A_2) = 3/8$ である．$A_3 = \{(111)\}$ より $P(A_3) = 1/8$ である．

(7) 表を1で表わし，裏を0で表わすことにする．(i) $\Omega = \{(i_1, i_2, \ldots, i_n) \mid i_1, i_2, \ldots, i_n = 0, 1\}$ である．Ω の個数は 2^n である．

(ii) 事象 A は $A = \{(1, i_2, \ldots, i_n) \mid i_2, \ldots, i_n = 0, 1\}$ であるから，A の個数は 2^{n-1} である．したがって，$P(A) = 2^{n-1}/2^n = 1/2$ である．

(iii) 事象 B は $B = \{(1, 1, i_3, \ldots, i_n) \mid i_3, \ldots, i_n = 0, 1\}$ であるから B の個数は 2^{n-2} である．したがって，$P(B) = 2^{n-2}/2^n = 1/4$ となる．

(iv) 事象 $C_0 = \{(0, 0, \ldots, 0)\}$ だから C_0 の個数は 1 個である．$P(C_0) = 1/2^n = {}_nC_2 \times \frac{1}{2^n}$ となる．

事象 $C_1 = \{(1, 0, 0, \ldots, 0), (0, 1, 0, \ldots, 0), \ldots, (0, 0, \ldots, 0, 1)\}$ だから C_1 の個数は n 個である．$P(C_1) = n/2^n = {}_nC_1 \times \frac{1}{2^n}$ である．

事象 C_2 は，2ヵ所のみ1であるような Ω の要素全体であることに注意すると，C_2 の要素の個数は異なる n 個から 2 個選び出す組み合わせの全体 ${}_nC_2$ 個である．したがって $P(C_2) = {}_nC_2 \times \frac{1}{2^n}$ である．

一般の k に対しても同様にして，$P(C_k) = {}_nC_k \times \frac{1}{2^n}$ を得る．

(8) 表を 1 で表わし，裏を 0 で表わすことにする．

全事象 $\Omega = \{(i_1, i_2, \ldots, i_n) \mid i_1, i_2, \ldots, i_n = 0, 1\}$ である．Ω の個数は 2^n である．事象 $A = \{(1, i_2, \ldots, i_n) \mid i_2, \ldots, i_n = 0, 1\}$ であるから，A の個数は 2^{n-1} である．したがって，$P(A) = 2^{n-1}/2^n = 1/2$ である．事象 $B = \{(i_1, i_2, \ldots, i_{n-1}, 0) \mid i_1, i_2, \cdots, i_{n-1} = 0, 1\}$ であるから $P(B) = 1/2$ である．

また，事象 $A \cap B = \{(1, i_2, \ldots, i_{n-1}, 0) \mid i_2, \ldots, i_{n-1} = 0, 1\}$ だから個数は 2^{n-2} であるから $P(A \cap B) = 2^{n-2}/2^n = 1/4$ である．したがって $P(A \cap B) = 1/4 = P(A)P(B)$ となり，A, B は独立である．

(9) $A = \{(5, 6), (6, 5), (6, 6)\}$ であり，$A \cap B = \{(6, 5), (6, 6)\}$ である．$P(A \cap B) = 2/36 = 1/18$ であり，$P(B) = 1/2$ であるから $P(A|B) = \frac{P(A \cap B)}{P(B)} = \frac{1/18}{1/2} = 1/9$ を得る．

(10) 1 回目に赤玉がでる事象を A，2 回目に白玉がでる事象を B，3 回目に黒玉の出る事象を C とする．条件付き確率の乗法定理より $P(A \cap B \cap C) =$

$P(A)P(B|A)P(C|A\cap B)$ より $P(A\cap B\cap C) = 8/16 \times 5/15 \times 3/14 = 1/28$ となる.

(11) 1番目にくじを引く人の当たる確率は2/5である. 2番目に引く人の当たる確率は $2/5\times 1/4+3/5\times 2/4 = 2/5$ である. 3番目に引く人の当たる確率は, "1番目の人が当たりかつ2番目がはずれて3番目が当たる" かまたは "1番目がはずれかつ2番目が当たり3番目が当たる" かまたは "1番目も2番目もはずれて3番目が当たる" であるから $2/5\times 3/4\times 1/3+3/5\times 2/4\times 1/3+3/5\times 2/4\times 2/3 = 2/5$ である. ほぼ同様に考えて4番目の人の当たる確率は

$$\frac{2}{5}\frac{3}{4}\frac{2}{3}\frac{1}{2} + \frac{3}{5}\frac{2}{4}\frac{2}{3}\frac{1}{2} + \frac{2}{5}\frac{3}{4}\frac{2}{3}\frac{1}{2} + \frac{3}{5}\frac{2}{4}\frac{1}{3}\frac{2}{2} = \frac{2}{5}$$

となる. 5番目の人が当たる確率は

$$\frac{2}{5}\frac{3}{4}\frac{2}{3}\frac{1}{2}\frac{1}{1} + \frac{3}{5}\frac{2}{4}\frac{2}{3}\frac{1}{2}\frac{1}{1} + \frac{3}{5}\frac{2}{4}\frac{2}{3}\frac{1}{2}\frac{1}{1} + \frac{3}{5}\frac{2}{4}\frac{1}{3}\frac{2}{2}\frac{1}{1} = \frac{2}{5}$$

となる.

(12) 第1工場で生産される商品を A_1 とし, 同様に第2工場, 第3工場で生産される商品をそれぞれ A_2, A_3 とする. また不良品を B とする. 表より $P(A_1) = 0.5, P(A_2) = 0.3, P(A_3) = 0.2$ であり, $P(B|A_1) = 0.03, P(B|A_2) = 0.02, P(B|A_3) = 0.01$ である.
不良品が第1工場で生産されている確率 $P(A_1|B)$ は, ベイズの定理より

$$\begin{aligned}P(A_1|B) &= \frac{P(A_1)P(B|A_1)}{P(A_1)P(B|A_1)+P(A_2)P(B|A_2)+P(A_3)P(B|A_3)} \\ &= \frac{0.5\times 0.03}{0.5\times 0.03+0.3\times 0.02+0.2\times 0.01} \\ &= \frac{15}{23}\approx 0.65\end{aligned}$$

同様にして, $P(A_2|B) = \frac{6}{23}\approx 0.26, P(A_3|B) = \frac{2}{23}\approx 0.09$ となる.

(13) 病気に感染している事象を A とし, 1回目に陽性反応がでる事象を B,

1回目も2回目もともに陽性反応がでる事象を C とする．問題より $P(A) = 0.0001, P(A^C) = 0.9999, P(B|A) = 0.99, P(B|A^C) = 0.01$ である．

(i) ベイズの定理より

$$P(A|B) = \frac{P(A)P(B|A)}{P(A)P(B|A) + P(A^c)P(B|A^c)}$$
$$= \frac{0.0001 \times 0.99}{0.0001 \times 0.99 + 0.9999 \times 0.01}$$
$$= \frac{1}{102} \approx 0.0098$$

(ii) $P(A|C)$ を求めればよい．$P(C|A)$ は病気に感染している人が1回目も2回目もともに陽性反応がでるときであるから $P(C|A) = 0.99 \times 0.99$ である．同様に $P(C|A^C) = 0.01 \times 0.01$ である．したがって，ベイズの定理より

$$P(A|C) = \frac{P(A)P(C|A)}{P(A)P(C|A) + P(A^c)P(C|A^c)}$$
$$= \frac{0.0001 \times (0.99 \times 0.99)}{0.0001 \times (0.99 \times 0.99) + 0.9999 \times (0.01 \times 0.01)}$$
$$= \frac{99}{200} \approx 0.495$$

第3章

(1) X が値 i をとる確率を $P(X = i)$ と書くことにする．

全事象 Ω は $\Omega = \{(i,j) : 1 \leq i \leq 6, 1 \leq j \leq 6\}$ であり，各根元事象の確率は $1/36$ である．X の取る値は，$-5, -4, -3, -2, -1, 0, 1, 2, 3, 4, 5$ である．$P(X = -5) = $ "$X = -5$ となる事象の確率" $= P(\{(1,6)\}) = \frac{1}{36}$ などを計算することにより

X の値	-5	-4	-3	-2	-1	0	1	2	3	4	5	計
確率	$\frac{1}{36}$	$\frac{2}{36}$	$\frac{3}{36}$	$\frac{4}{36}$	$\frac{5}{36}$	$\frac{6}{36}$	$\frac{5}{36}$	$\frac{4}{36}$	$\frac{3}{36}$	$\frac{2}{36}$	$\frac{1}{36}$	1

(2) 全事象 Ω は $\Omega = \{(i_1, i_2, \ldots, i_n) : i_1, i_2, \ldots, i_n = 1, 2, 3, 4, 5, 6\}$ であり，各根元事象の確率は $1/6^n$ である．X_1 のとる値は $1, 2, 3, 4, 5, 6$ である．

$P(X_1 = 1) = $ "$X_1 = 1$ となる事象の確率"

$$= P(\{(1, i_2, i_3, \ldots, i_n \mid i_2, i_3, \ldots, i_n = 1, 2, 3, 4, 5, 6\}) = \frac{6^{n-1}}{6^n} = \frac{1}{6}$$

である.同様にして,$P(X_1 = 2) = P(X_1 = 3) = P(X_1 = 4) = P(X_1 = 5) = P(X_1 = 6) = \frac{1}{6}$ を得る.

X_1 の値	1	2	3	4	5	6	計
確率	$\frac{1}{6}$	$\frac{1}{6}$	$\frac{1}{6}$	$\frac{1}{6}$	$\frac{1}{6}$	$\frac{1}{6}$	1

となる.$X_2, X_3, \ldots X_n$ の分布も同様にして X_1 の分布と全く同じであることがわかる.

(3) X のとる値は $0, 1, 2, 3$ である.2項分布の定義にしたがって各値をとる確率を求める.

$$P(X = 0) = {}_3C_0 \left(\frac{1}{3}\right)^0 \left(1 - \frac{1}{3}\right)^{3-0} = \frac{8}{27},$$
$$P(X = 1) = {}_3C_1 \left(\frac{1}{3}\right)^1 \left(1 - \frac{1}{3}\right)^{3-1} = \frac{12}{27},$$
$$P(X = 2) = {}_3C_2 \left(\frac{1}{3}\right)^2 \left(1 - \frac{1}{3}\right)^{3-2} = \frac{6}{27},$$
$$P(X = 3) = {}_3C_3 \left(\frac{1}{3}\right)^3 \left(1 - \frac{1}{3}\right)^{3-3} = \frac{1}{27}$$

となる.表に整理すると

X の値	0	1	2	3	計
確率	$\frac{8}{27}$	$\frac{12}{27}$	$\frac{6}{27}$	$\frac{1}{27}$	1

となる.

(4) 表を 1 で表わし,裏を 0 で表わすことにする.全事象 Ω は $\Omega = \{(i_1, i_2, \ldots, i_n) \mid i_1, i_2, \ldots, i_n = 0, 1\}$ である.Ω の個数は 2^n である.X のとる値は $0, 1, 2, \ldots, n$ である.$X = 0$ となる事象は $\{(0, 0, \ldots, 0)\}$ だから $P(X = 0) = \frac{1}{2^n}$ である.$X = 1$ となる事象はある k 番目で 1 となる事象だから,その事象に属する要素の個数は n 個である.したがって $P(X = 1) = \frac{n}{2^n}$ である.$X = 2$ となる事象は,ある 2 ヶ所でのみ 1 となる事象だからその事象の個数

は $_nC_2$ である．したがって $P(X=2) = {}_nC_2\frac{1}{2^n}$ となる．同様にして，一般に $P(X=k) = {}_nC_k\frac{1}{2^n}$ $(k=1,2,\ldots,n)$ を得る．

(5) $E(X) = 0\times 1/10 + 1\times 2/10 + 2\times 2/10 + 3\times 2/10 + 4\times 1/10 + 5\times 2/10 = 13/5$ である．

(6) 全事象は $\Omega = \{(i,j) \,|\, i,j = 1,2,3,4,5,6\}$ である．

X のとる値は $-5, -4, \ldots, 4, 5$ であり，Y のとる値は $2, 3, \ldots, 11, 12$ である．X と Y の任意の組み合わせが必ずしもとり得るとは限らないことに注意する．$X_1 = \frac{X+Y}{2}$，$X_2 = \frac{Y-X}{2}$ で X_1, X_2 は整数だから，X, Y はともに偶数かまたは，ともに奇数である．また $1 \leq X_1 = \frac{X+Y}{2} \leq 6$ より $-X+2 \leq Y \leq -X+2$ となる．同様に，$X_2 = \frac{Y-X}{2} \leq 6$ より $X+2 \leq Y \leq X+12$ である．このことに注意すると，$X = -5$ のときにとり得る Y の値は $Y = 7$ で

$$P(X=-5, Y=7) = \text{``}X=-5 \text{ かつ } Y=7 \text{ となる確率''}$$
$$= \text{``事象 } \{(1,6)\} \text{ の確率''} = \frac{1}{36}$$

同様に考えて，結合分布は以下のようになる．

$$P(X=-4, Y=6) = P(X=-4, Y=8)$$
$$= P(X=-3, Y=5)$$
$$= P(X=-3, Y=7) = P(X=-3, Y=9)$$
$$= P(X=-2, Y=4) = P(X=-2, Y=6) = P(X=-2, Y=8)$$
$$= P(X=-2, Y=10) = P(X=-1, Y=3) = P(X=-1, Y=5)$$
$$= P(X=-1, Y=7) = P(X=-1, Y=9) = P(X=-1, Y=11)$$
$$= P(X=0, Y=2) = P(X=0, Y=4) = P(X=0, Y=6)$$
$$= P(X=0, Y=8) = P(X=0, Y=10) = P(X=0, Y=12)$$
$$= P(X=1, Y=3) = P(X=1, Y=5) = P(X=1, Y=7)$$
$$= P(X=1, Y=9) = P(X=1, Y=11)$$
$$= P(X=2, Y=4) = P(X=2, Y=6) = P(X=2, Y=8)$$

$$= P(X=2, Y=10)$$
$$= P(X=3, Y=5) = P(X=3, Y=7) = P(X=3, Y=9)$$
$$= P(X=4, Y=6) = P(X=4, Y=8) = P(X=5, Y=7) = \frac{1}{36}$$

を得る.

(7) (i) X が値 0 をとる確率 $P(X=0) = 1/18 + 2/18 + 3/18 = 1/3$ となる. 他も同様にして, X の分布は $P(X=0) = P(X=1) = P(X=2) = 1/3$, すなわち一様分布を得る. 期待値は $E(X) = 1$ である.

(ii) Y の分布も同様にして一様分布 $P(Y=-1) = P(Y=0) = P(Y=1) = 1/3$ である. 期待値は $E(Y) = 0$ である.

(iii) 結合分布が与えられているのでそれを使うと,

$$\begin{aligned} E(XY) &= 0 \times (-1) \times \frac{1}{18} + 0 \times 0 \times \frac{2}{18} + 0 \times 1 \times \frac{3}{18} \\ &\quad + 1 \times (-1) \times \frac{2}{18} + 1 \times 0 \times \frac{2}{18} + 1 \times 1 \times \frac{2}{18} \\ &\quad + 2 \times (-1) \times \frac{3}{18} + 2 \times 0 \times \frac{2}{18} + 2 \times 1 \times \frac{1}{18} \\ &= -\frac{2}{9} \end{aligned}$$

を得る.

(8) $E(X) = (-2) \times 1/10 + (-1) \times 2/10 + 0 \times 3/10 + 1 \times 3/10 + 2 \times 1/10 = 1/10$ である. $E(X^2) = (-2)^2 \times 1/10 + (-1)^2 \times 2/10 + 0^2 \times 3/10 + 1^2 \times 3/10 + 2^2 \times 1/10 = 13/10$ であるから $V(X) = E(X^2) - E(X)^2 = 13/10 - 1/100 = 129/100$ となる. $\sigma(X) = \sqrt{129/100} = \sqrt{129}/10 = 1.14$ である.

(9) (i) 本章の (2) ですでに求めていた通り, 各確率変数 X_i は同じ分布, サイコロを投げたときの出る目の分布である一様分布である. つぎに独立であることを示す. $P(X_1 = i_1, X_2 = i_2, \ldots, X_n = i_n) = P(\{(i_1, i_2, \ldots, i_n)\}) = 1/6^n$ であり, 一方, $P(X_1 = i_1)P(X_2 = i_2) \cdots P(X_n = i_n) = 1/6 \times 1/6 \times \cdots \times 1/6 = 1/6^n$ だから $P(X_1 = i_1, X_2 = i_2, \ldots, X_n = i_n) = P(X_1 = i_1)P(X_2 = i_2) \cdots P(X_n = i_n)$ となり, $X_1, X_2, \ldots, X_n$ は独立である.

(ii) サイコロを投げたときの平均と分散は，それぞれ 7/2 と 35/12 とであることに注意する．$E(Z) = E(X_1 + X_2 + \cdots + X_n) = E(X_1) + \cdots + E(X_n) = n \times 7/2 = 7n/2$ である．また分散については独立であるから $V(Z) = V(X_1 + X_2 + \cdots + X_n) = V(X_1) + \cdots + V(X_n) = n \times 35/12$ である．

(10) (i) X の分布を求める．$P(X = 0) = 2/18 + 1/18 + 4/18 = 7/18$, $P(X = 1) = 1/18 + 2/18 + 3/18 = 6/18$, $P(X = 2) = 3/18 + 1/18 + 1/18 = 5/18$ である．したがって，$E(X) = 0 \cdot 7/18 + 1 \cdot 6/18 + 2 \cdot 5/18 = 8/9$ である．
(ii) Y の分布を求める．$P(Y = 1) = 2/18 + 1/18 + 3/18 = 6/18$, $P(Y = 2) = 1/18 + 2/18 + 1/18 = 4/18$, $P(Y = 3) = 4/18 + 3/18 + 1/18 = 8/18$ である．したがって，$E(Y) = 1 \cdot 6/18 + 2 \cdot 4/18 + 3 \cdot 8/18 = 19/9$ である．
(iii) $E(XY)$ を求める．

$$\begin{aligned} E(XY) = {} & 0 \cdot 1 \cdot 2/18 + 0 \cdot 2 \cdot 1/18 + 0 \cdot 3 \cdot 4/18 \\ & + 1 \cdot 1 \cdot 1/18 + 1 \cdot 2 \cdot 2/18 + 1 \cdot 3 \cdot 3/18 \\ & + 2 \cdot 1 \cdot 3/18 + 2 \cdot 2 \cdot 1/18 + 2 \cdot 3 \cdot 1/18 = 5/3 \end{aligned}$$

したがって $E(XY) = 5/3$ である．
(iv) $C(X, Y) = E(XY) - E(X)E(Y) = 5/3 - 8/9 \times 19/9 = -17/81$ である．
(v) $V(X) = E(X^2) - E(X)^2 = 53/9^2$ であるから $\sigma(X) = \sqrt{53}/9$ である．また $V(Y) = E(Y^2) - E(Y)^2 = 62/9^2$ だから $\sigma(Y) = \sqrt{62}/9$ である．したがって $\varrho = \dfrac{C(X,Y)}{\sigma(X)\sigma(Y)} = -\dfrac{17\sqrt{53}\sqrt{62}}{53 \times 62} = -0.297$ である．

(11) 正解である数を X とすると，1 問であてずっぽうで当たる確率は 1/2 だから，X の分布は 2 項分布 $B(10, 1/2)$ である．
したがって $P(X = k) = {}_{10}C_k (\dfrac{1}{2})^k (1 - \dfrac{1}{2})^{10-k} = {}_{10}C_k \dfrac{1}{1024}$ である．

$$\begin{aligned} P(X \geq 7) &= P(X = 7) + P(X = 8) + P(X = 9) + P(X = 10) \\ &= \frac{120}{1024} + \frac{45}{1024} + \frac{10}{1024} + \frac{1}{1024} = \frac{176}{1024} = 0.17 \end{aligned}$$

となる．

(12) (i) 正解である数を X とすると，X の分布は 2 項分布 $B(9, 1/2)$ である．したがって，

$$P(X \geq 5) = P(X=5) + P(X=6) + P(X=7) + P(X=8) + P(X=9)$$
$$= \frac{126}{512} + \frac{84}{512} + \frac{36}{512} + \frac{9}{512} + \frac{1}{512} = \frac{256}{512} = 0.5$$

(ii). 正解である数を X とすると，X の分布は 2 項分布 $B(9, 1/3)$ である．したがって，$P(X=k) = {}_9C_k (\frac{1}{3})^k (1-\frac{1}{3})^{9-k}$

$$P(X \geq 5) = P(X=5) + P(X=6) + P(X=7) + P(X=8) + P(X=9)$$
$$= 126 \times \frac{16}{19683} + 84 \times \frac{8}{19683} + 36 \times \frac{4}{19683} + 9 \times \frac{2}{19683} + \frac{1}{19683}$$
$$= \frac{2851}{19683} = 0.145$$

となる．

(13) (i) 勝つ回数を X とおくと，確率変数 X の分布は 2 項分布 $B(10000, 1/5000)$，すなわち k 回勝つ確率は

$$P(X=k) = {}_{10000}C_k \left(\frac{1}{5000}\right)^k \left(1 - \frac{1}{5000}\right)^{10000-k} \quad (k=0, 1, 2, \ldots, 10000)$$

である．1 回も勝たない確率は $P(X=0) = (1-1/5000)^{10000} = (4999/5000)^{10000}$ であり，1 回だけ勝つ確率は $P(X=1) = 10000 \cdot (1/5000) \cdot (4999/5000)^{9999}$ である．したがって，2 回以上勝つ確率は $1 - \{P(X=0) + P(X=1)\}$ である．

(ii) $P(X=0) + P(X=1)$ を，命題 3.3.4 を使ってこの値を求めることにする．$\lambda = np = 10000 \times 1/5000 = 2$ だから 2 項分布 $B(10000, 1/5000)$ はポアソン分布 $p(2)$ で近似できる．したがって

$$P(X=0) + P(X=1) = \left(\frac{4999}{5000}\right)^{10000} + 10000 \cdot (1/5000) \cdot (4999/5000)^{9999}$$
$$\approx \frac{2^0}{0!} e^{-2} + \frac{2!}{1!} e^{-2} = \frac{3}{e^2} = 0.406$$

となる．したがって，2 回以上勝つ確率は $1 - 0.406 = 0.594$ である．

(14) 勝利の回数を X とすると，X の分布は確率が 0.6 の2項分布 $B(n, 0.6)$ である．

(i) $n = 13$ のとき，勝ち越しの確率は $P(X \geq 8) = \sum_{i=8}^{13} P(X = i)$ であるから，表より $P(X \geq 8) = 0.2214 + 0.1845 + 0.1107 + 0.0453 + 0.0113 + 0.0013 = 0.5745$ で約 0.57 である．

(ii) $n = 12$ のとき，同様にして $P(X \geq 8) = \sum_{i=8}^{12} P(X = i) = 0.2128 + 0.1419 + 0.0639 + 0.0174 + 0.0022 = 0.4382$ で約 0.44 である．

(iii) $n = 11$ のとき，$P(X \geq 8) = \sum_{i=8}^{11} P(X = i) = 0.1774 + 0.0887 + 0.0266 + 0.0036 = 0.2963$ であり，約 0.30 である．13日目までに勝ち越す確率 0.57 に比較すると，11日目までに勝ち越す確率は 0.30 とかなり低くなる．

第4章

(1)
$$H(X) = -\left\{\frac{1}{8} \log \frac{1}{8} + \frac{1}{8} \log \frac{1}{8} + \frac{1}{4} \log \frac{1}{4} + \frac{1}{2} \log \frac{1}{2}\right\}$$
$$= \frac{7}{4}$$

となる．

(2) (i)
$$H(X, Y) = -\left\{\frac{2}{12} \log \frac{2}{12} + \frac{1}{12} \log \frac{1}{12} + \frac{2}{12} \log \frac{2}{12} + \frac{2}{12} \log \frac{2}{12}\right.$$
$$\left. + \frac{1}{12} \log \frac{1}{12} + \frac{4}{12} \log \frac{4}{12}\right\}$$
$$= \frac{5}{6} + \log 3 = 2.4183$$

である．

(ii) X の分布は

X の "値"	x_1	x_2	x_3	計
確率	$\frac{3}{12}$	$\frac{4}{12}$	$\frac{5}{12}$	1

である．

$$H(X) = -\{\frac{3}{12}\log\frac{3}{12} + \frac{4}{12}\log\frac{4}{12} + \frac{5}{12}\log\frac{5}{12}\}$$
$$= \frac{1}{12} \times \{9\log 3 + 16 - 5\log 5\} = 1.5546$$

Y の分布は

Y の "値"	y_1	y_2	計
確率	$\frac{7}{12}$	$\frac{5}{12}$	1

である．同様にして計算すると $H(Y) = \dfrac{1}{18} \times \{24 + 10\log 3 - 5\log 5 - 7\log 7\} = 0.7157$ である．

(3)

$$D(p||q) = \frac{1}{4}\log\left(\frac{1}{4}/\frac{1}{2}\right) + \frac{1}{4}\log\left(\frac{1}{4}/\frac{1}{4}\right) + \frac{1}{2}\log\left(\frac{1}{2}/\frac{1}{4}\right)$$
$$= 1/4$$

となる．

(4) 表が 6 回，裏が 3 回でているから $6 - 3 = 3$ により，座標 3 の場所にいる．途中の経過を述べると $0 \to 1 \to 0 \to 1 \to 2 \to 3 \to 2 \to 3 \to 4 \to 3$ である．

第 5 章

(1) 直観的に $E(X) = 0$ となることは明らかであるが，念のため計算してみる．

$$E(X) = \int_{-\infty}^{\infty} xf(x)dx$$
$$= \int_{-\infty}^{-1} xf(x)dx + \int_{-1}^{1} xf(x)dx + \int_{1}^{\infty} xf(x)dx$$
$$= \int_{-1}^{1} x \times \frac{3}{2}x^2 dx = \left[\frac{3}{8}x^3\right]_{-1}^{1} = 0$$

つぎに $E(X^2)$ を求める.

$$E(X^2) = \int_{-\infty}^{\infty} x^2 f(x)dx$$
$$= \int_{-\infty}^{-1} x^2 f(x)dx + \int_{-1}^{1} x^2 f(x)dx + \int_{1}^{\infty} x^2 f(x)dx$$
$$= \int_{-1}^{1} x^2 \times \frac{3}{2}x^2 dx = \left[\frac{3}{10}x^5\right]_{-1}^{1} = \frac{3}{5}$$

だから $E(X^2) = \frac{3}{5}$ となる. $V(X) = E(X^2) - E(X)^2 = \frac{3}{5} - 0^2 = \frac{3}{5}$ を得る.

(2) (i). $h(x,y)$ が 0 でない領域を D とすると,D は長方形 $D = \{(x,y)\,|\,0 < x < 1, 0 < y < \sqrt{6}\}$ である. 重積分が縦線積分で求めることができることより

$$\iint_D h(x,y)dxdy = \int_0^1 \left\{\int_0^{\sqrt{6}} x^2 y\,dy\right\} dx$$
$$= \int_0^1 \left[\frac{1}{2}x^2 y^2\right]_0^{\sqrt{6}} dx = \int_0^1 3x^2 dx$$
$$= \left[x^3\right]_0^1 = 1$$

であるから,密度関数である.

(ii) 周辺分布 X の密度関数を $f(x)$ とする. $f(x) = \int_{-\infty}^{\infty} h(x,y)dy$ より求める. $x \leq 0$ および $1 \leq x$ では $h(x,y) \equiv 0$ だから $f(x) = 0$ である. $0 < x < 1$ では

$$f(x) = \int_{-\infty}^{\infty} h(x,y)dy = \int_{-\infty}^{0} h(x,y)dy + \int_0^{\sqrt{6}} h(x,y)dy + \int_{\sqrt{6}}^{\infty} h(x,y)dy$$
$$= \int_0^{\sqrt{6}} x^2 y\,dy = \left[\frac{1}{2}x^2 y^2\right]_0^{\sqrt{6}} = 3x^2$$

となる．整理すると

$$f(x) = \begin{cases} 0 & (x \leq 0 \text{ のとき}) \\ 3x^2 & (0 < x < 1 \text{ のとき}) \\ 0 & (1 \leq x \text{ のとき}) \end{cases}$$

を得る．同様にして，Y の密度関数を $g(y)$ とすると，$g(y) = \int_{-\infty}^{\infty} h(x,y)dx$ より求める．$y \leq 0$ および $\sqrt{6} \leq y$ では $h(x,y) \equiv 0$ だから $g(y) = 0$ である．$0 < y < \sqrt{6}$ では

$$g(y) = \int_{-\infty}^{\infty} h(x,y)dx = \int_{-\infty}^{0} h(x,y)dx + \int_{0}^{1} h(x,y)dx + \int_{1}^{\infty} h(x,y)dx$$
$$= \int_{0}^{1} x^2 y\, dx = \left[\frac{1}{3}x^3 y\right]_{0}^{1} = \frac{1}{3}y$$

となる．整理すると

$$g(y) = \begin{cases} 0 & (x \leq 0 \text{ のとき}) \\ \frac{1}{3}y & (0 < x < \sqrt{6} \text{ のとき}) \\ 0 & (\sqrt{6} \leq x \text{ のとき}) \end{cases}$$

となる．

(3) (i) 0.3413 である．(ii) 0.4773 である．(iii) 0.6826 である．(iv) 0.0227 である．(vi) 標準化したうえで，標準正規分布表を利用する．

$$0.03 = P(X > a) = P\left(\frac{X-50}{10} > \frac{a-50}{10}\right)$$
$$= \int_{\frac{a-50}{10}}^{\infty} \frac{1}{\sqrt{2\pi}} e^{-\frac{x^2}{2}} dx = 0.5 - \int_{0}^{\frac{a-50}{10}} \frac{1}{\sqrt{2\pi}} e^{-\frac{x^2}{2}} dx$$

となるから，$\int_{0}^{\frac{a-50}{10}} \frac{1}{\sqrt{2\pi}} e^{-\frac{x^2}{2}} dx = 0.5 - 0.03 = 0.47$ を得る．標準正規分布表より $\frac{a-50}{10} = 1.89$ である．したがって，$a = 50 + 1.89 \times 10 = 68.9$ となる．

(4) (i) $P(250 \leq X \leq 350)$ を求める．

$$P(250 \leq X \leq 350) = P(\frac{250-315}{35} \leq \frac{X-315}{35} \leq \frac{350-315}{35})$$

$$= P(-1.86 \leq \frac{X-315}{35} \leq 1)$$

$$= \int_{-1.86}^{1} \frac{1}{\sqrt{2\pi}} e^{-\frac{x^2}{2}} dx$$

$$= \int_{-1.86}^{0} \frac{1}{\sqrt{2\pi}} e^{-\frac{x^2}{2}} dx + \int_{0}^{1} \frac{1}{\sqrt{2\pi}} e^{-\frac{x^2}{2}} dx$$

$$= 0.4686 + 0.3413 = 0.81$$

となる．したがって，$2000 \times 0.81 = 1620$ となる．約 1620 名である．

(ii) $P(X > 400)$ を求める．

$$P(X > 400) = P(\frac{X-315}{35} > \frac{400-315}{35})$$

$$= P(\frac{X-315}{35} > 2.43)$$

$$= \int_{2.43}^{\infty} \frac{1}{\sqrt{2\pi}} e^{-\frac{x^2}{2}} dx$$

$$= \int_{0}^{\infty} \frac{1}{\sqrt{2\pi}} e^{-\frac{x^2}{2}} dx - \int_{0}^{2.43} \frac{1}{\sqrt{2\pi}} e^{-\frac{x^2}{2}} dx$$

$$= 0.5 - 0.4925 = 0.0075$$

となる．したがって，$2000 \times 0.0075 = 15$ となる．約 15 名である．

(iii) a 点以上であれば上位 500 名だとする．a を求める．$2000 \times P(X > a) = 500$ より $P(X > a) = 0.25$ である．

$$0.25 = P(X > a)$$

$$= P(\frac{X-315}{35} > \frac{a-315}{35})$$

$$= \int_{\frac{a-315}{35}}^{\infty} \frac{1}{\sqrt{2\pi}} e^{-\frac{x^2}{2}} dx$$

$$= 0.5 - \int_{0}^{\frac{a-315}{35}} \frac{1}{\sqrt{2\pi}} e^{-\frac{x^2}{2}} dx$$

だから

$$\int_{0}^{\frac{a-315}{35}} \frac{1}{\sqrt{2\pi}} e^{-\frac{x^2}{2}} dx = 0.15$$

を得る．標準正規分布表より，$(a-315)/35 = 0.39$ となる．したがって $a = 315 + 35 \times 0.39 = 328.7$ したがって，約 329 点以上である．

(5) a 点以上で上位 100 名にはいるとする．$1000 \times P(X > a) = 100$ より $P(X > a) = 0.1$ である．

$$0.1 = P(X > a) = P(\frac{X-180}{25} > \frac{a-180}{25})$$
$$= \int_{\frac{a-180}{25}}^{\infty} \frac{1}{\sqrt{2\pi}} e^{-\frac{x^2}{2}} dx = 0.5 - \int_0^{\frac{a-180}{25}} \frac{1}{\sqrt{2\pi}} e^{-\frac{x^2}{2}} dx$$

となるから，$\int_0^{\frac{a-180}{25}} \frac{1}{\sqrt{2\pi}} e^{-\frac{x^2}{2}} dx = 0.5 - 0.1 = 0.4$ を得る．標準正規分布表より $\frac{a-180}{25} = 1.29$ である．したがって，$a = 180 + 1.29 \times 25 = 212.25$ となる．したがって，約 213 点以上であれば上位 100 名にはいる．

(6) $\frac{x}{2} = t$ とおくと，

$$\int_{-\infty}^{\infty} f(x)dx = \int_0^{\infty} \frac{1}{2^{\frac{m}{2}} \Gamma(\frac{m}{2})} x^{\frac{m}{2}-1} e^{-\frac{x}{2}} dx$$
$$= \frac{1}{2^{\frac{m}{2}} \Gamma(\frac{m}{2})} \int_0^{\infty} (2t)^{\frac{m}{2}-1} e^{-t} 2dt = \frac{1}{\Gamma(\frac{m}{2})} \int_0^{\infty} t^{\frac{m}{2}-1} e^{-t} dt$$
$$= \frac{1}{\Gamma(\frac{m}{2})} \Gamma(\frac{m}{2}) = 1$$

となるから，密度関数の条件をみたす．

(7) (i) 前問の密度関数の条件を満たす計算のなかで示した積分

$$\int_0^{\infty} x^{\frac{m}{2}-1} e^{-\frac{x}{2}} dx = 2^{\frac{m}{2}} \Gamma(\frac{m}{2})$$

であることに注意する．

$$\int_0^{\infty} x x^{\frac{m}{2}-1} e^{-\frac{x}{2}} dx = \int_0^{\infty} x^{\frac{m}{2}} e^{-\frac{x}{2}} dx = \int_0^{\infty} x^{\frac{m+2}{2}-1} e^{-\frac{x}{2}} dx$$
$$= 2^{\frac{m+2}{2}} \Gamma(\frac{m+2}{2}) = 2^{\frac{m}{2}} 2 \frac{m}{2} \Gamma(\frac{m}{2})$$

となる．したがって

$$E(X) = \int_0^\infty x \frac{1}{2^{\frac{m}{2}} \Gamma(\frac{m}{2})} x^{\frac{m}{2}-1} e^{-\frac{x}{2}} dx = \frac{1}{2^{\frac{m}{2}} \Gamma(\frac{m}{2})} \int_0^\infty x x^{\frac{m}{2}-1} e^{-\frac{x}{2}} dx$$
$$= \frac{1}{2^{\frac{m}{2}} \Gamma(\frac{m}{2})} 2^{\frac{m}{2}} 2 \frac{m}{2} \Gamma(\frac{m}{2}) = m$$

を得る．

(ii) まず，$E(X^2)$ を求める．

$$\int_0^\infty x^2 x^{\frac{m}{2}-1} e^{-\frac{x}{2}} dx = \int_0^\infty x^{\frac{m+4}{2}-1} e^{-\frac{x}{2}} dx = 2^{\frac{m+4}{2}} \Gamma(\frac{m+4}{2})$$
$$= 2^{\frac{m}{2}} 2^2 \Gamma(\frac{m+2}{2}+1) = 2^{\frac{m}{2}} 2^2 \frac{m+2}{2} \Gamma(\frac{m+2}{2})$$
$$= 2^{\frac{m}{2}} 2^2 \frac{m+2}{2} \frac{m}{2} \Gamma(\frac{m}{2}) = 2^{\frac{m}{2}} m(m+2) \Gamma(\frac{m}{2})$$

となる．したがって $E(X^2) = m(m+2)$ を得る．$V(X) = E(X^2) - E(X)^2 = m(m+2) - m^2 = 2m$ を得る．

(8) (i)

$$E(X) = \int_{-\infty}^\infty x f(x) dx = \int_0^\infty x \lambda e^{-\lambda x} dx$$
$$= [-e^{-\lambda x} x]_0^\infty - \int_0^\infty (-e^{-\lambda x}) dx$$
$$= -\left[\frac{1}{\lambda} e^{-\lambda x}\right]_0^\infty = \frac{1}{\lambda}$$

となる．

(ii) まず $E(X^2)$ を求める．途中で (i) の結果を使う．

$$E(X^2) = \int_{-\infty}^\infty x^2 f(x) dx = \int_0^\infty x^2 \lambda e^{-\lambda x} dx$$
$$= [-e^{-\lambda x} x^2]_0^\infty - \int_0^\infty (-e^{-\lambda x}) 2x dx$$
$$= 2 \int_0^\infty e^{-\lambda x} x dx = \frac{2}{\lambda} \int_0^\infty \lambda e^{-\lambda x} x dx$$
$$= \frac{2}{\lambda^2}$$

となり，$E(X^2) = \frac{2}{\lambda^2}$ を得る．$V(X) = E(X^2) - E(X)^2 = \frac{2}{\lambda^2} - \frac{1}{\lambda^2} = \frac{1}{\lambda^2}$ となる．

第6章

(1) 60題中，正解である問題数を X とする．X の分布は正確には2項分布 $B(60, 1/3)$ である．$B(60, 1/3)$ の平均が $60 \times 1/3 = 20$，分散が $60 \times 1/3 \times 2/3 = 40/3 = (\frac{2\sqrt{30}}{3})^2$ であることに注意すると，2項分布 $B(60, 1/3)$ は正規分布 $N(20, (\frac{2\sqrt{30}}{3})^2)$ で近似できる．また $\frac{2\sqrt{30}}{3} \fallingdotseq 3.65$ であることにも注意する．

$$P(30 \leq X) \fallingdotseq P(29.5 \leq X) = P\left(\frac{29.5 - 20}{\frac{2\sqrt{30}}{3}} \leq \frac{X - 20}{\frac{2\sqrt{30}}{3}}\right)$$

$$= P\left(\frac{29.5 - 20}{3.65} \leq \frac{X - 20}{\frac{2\sqrt{30}}{3}}\right)$$

$$= P\left(2.60 \leq \frac{X - 2}{\frac{2\sqrt{30}}{3}}\right)$$

$$= \int_{2.60}^{\infty} \frac{1}{\sqrt{2\pi}} e^{-\frac{x^2}{2}} dx = 0.5 - 0.4953 = 0.0047$$

となる．

(2) 30回投げて1の目がでる回数を X とする．X の分布は正確には2項分布 $B(30, 1/6)$ である．$B(30, 1/6)$ の平均が $30 \times 1/6 =$，分散が $30 \times 1/6 \times 5/6 = 25/6 = (\frac{5\sqrt{6}}{6})^2$ であることに注意すると，2項分布 $B(30, 1/6)$ は正規分布 $N(5, (\frac{5\sqrt{6}}{6})^2)$ で近似できる．また $\frac{5\sqrt{6}}{6} \fallingdotseq 2.04$ であることにも注意する．

$$P(10 \leq X) \fallingdotseq P(9.5 \leq X) = P\left(\frac{9.5 - 5}{\frac{5\sqrt{6}}{6}} \leq \frac{X - 5}{\frac{5\sqrt{6}}{6}}\right)$$

$$= P\left(2.21 \leq \frac{X - 5}{\frac{5\sqrt{6}}{6}}\right)$$

$$= \int_{2.21}^{\infty} \frac{1}{\sqrt{2\pi}} e^{-\frac{x^2}{2}} dx = 0.5 - 0.4864 = 0.0136$$

となる.

(3) 60回投げて1の目がでる回数を X とする. X の分布は正確には2項分布 $B(60, 1/6)$ である. $E(X) = 10, V(X) = 25/3 = (\frac{5\sqrt{3}}{3})^2 \fallingdotseq (2.89)^2$ である.

$$P(20 \leq X) \fallingdotseq P(19.5 \leq X) = P\left(\frac{19.5 - 10}{\frac{5\sqrt{3}}{3}} \leq \frac{X - 10}{\frac{5\sqrt{3}}{3}}\right)$$

$$= P\left(3.29 \leq \frac{X - 10}{\frac{5\sqrt{3}}{3}}\right)$$

$$= \int_{3.29}^{\infty} \frac{1}{\sqrt{2\pi}} e^{-\frac{x^2}{2}} dx = 0.5 - 0.4995 = 0.0005$$

となる.

第7章

(1) **(問題の設定)** この問題では,偏りがないかどうかを問題にしているので,表の出る確率と裏の出る確率が等しく,確率 $p = 1/2$ であるかどうかを問題にしている. したがって,帰無仮説は $H_0 : p = 1/2$ であり,対立仮説は $H_1 : p \neq 1/2$ である. 表が異常に多く出ても異常に少なくても帰無仮説を棄却したい(対立仮説を支持したい)ので,両側検定で検定を行う.

(i) 帰無仮説は $H_0 : p = 1/2$, 対立仮説は $H_1 : p \neq 1/2$ とし,両側検定で検定を行う.

表の出る回数を T とし,棄却域を求める. 1回の試行で表の出る確率が p のとき, n 回独立に試行したとき表の出る回数 T のしたがう分布は2項分布 $B(n, p)$ であることはよく知られている.

また n が十分大きいときは,中心極限定理により2項分布 $B(n, p)$ は正規分布 $N(np, (\sqrt{np(1-p)})^2)$ で近似できることもよく知られている. そこでこの問題 T の分布である2項分布 $B(100, 1/2)$ を,正規分布 $N(50, 5^2)$ で近似する.

すなわち, T の分布は正規分布 $N(50, 5^2)$ と見なす. 標準化すると $\frac{T - 50}{5}$ の分布は標準正規分布 $N(0, 1)$ と見なす.

$P\left(\left|\dfrac{T-50}{5}\right|\geq t\right)\leq 0.05$ となる t を標準正規分布表により求めると $t=1.96$ となる．したがって，$\left|\dfrac{T-50}{5}\right|\geq 1.96$ をみたす T の範囲が棄却域である．絶対値をはずして書きなおすと $T\geq 50+1.96\times 5=59.8$ または $T\leq 50-1.96\times 5=40.2$ である．整理すると，棄却域は $(-\infty,40.2)\cup(59.8,\infty)$ である．

65 回表がでており（$T=65$）棄却域に入るので，有意水準 5％で帰無仮説 $H_0:p=1/2$ は棄却される．したがって偏りがあると考えられる．

(**注1**) 標準正規分布表より 65 回以上表の出る確率は $P(T\geq 65)=P(\dfrac{T-50}{5}\geq 3)=0.5-0.4987=0.0013$ であり，表と裏の出る確率が等しいコインの場合に 100 回ふる実験を 1000 回おこなったとき，一度起こる程度のきわめてまれな場合である．

(**注2**) T の分布が 2 項分布 $B(100,1/2)$ のとき，正確に $P(T\geq 65)$ を計算すると，$P(T\geq 65)=0.00175882$ であることが分かる．

(ii) 帰無仮説は $H_0:p=1/2$，対立仮説は $H_1:p\neq 1/2$ とし，両側検定で検定を行う．
$P\left(\left|\dfrac{T-50}{5}\right|\geq t\right)\leq 0.01$ となる t を標準正規分布表により求めると $t=2.58$ となる．したがって，$\left|\dfrac{T-50}{5}\right|\geq 2.58$ をみたす T の範囲が棄却域である．絶対値をはずして書きなおすと $T\geq 50+2.58\times 5=62.9$ または $T\leq 50-1.96\times 5=37.1$ である．整理すると，棄却域は $(-\infty,37.1)\cup(62.9,\infty)$ である．

65 回表がでており（$T=65$）棄却域に入るので，有意水準 1％で帰無仮説 $H_0:p=1/2$ は棄却される．したがって偏りがあると考えられる．

(2) $\overline{x}=(1+2+4+5+7)/5=3.8$, $\sigma_x^2=(1^2+2^2+4^2+5^2+7^2)/5-\overline{x}^2=4.56$,
$\overline{y}=(5+6+2+7+1)/5=4.2$, $\sigma_y^2=(5^2+6^2+2^2+7^2+1^1)/5-\overline{y}^2=5.36$,
$\sigma_{x,y}=1\cdot 5+2\cdot 6+4\cdot 2+5\cdot 7+7\cdot 1)/5-\overline{xy}=-2.56$, $\sigma_x=\sqrt{4.56}=2.14$,

$\sigma_y = \sqrt{5.36} = 2.32$ となる.

したがって,回帰直線の傾き a は $a = \sigma_{x,y}/\sigma_x^2 = -2.56/4.56 = -0.56$ である. ゆえに,回帰直線の式は $y = a(x-\overline{x}) + \overline{y} = -0.56(x-3.8) + 4.2$ である. また相関係数 r は $r = \sigma_{x,y}/(\sigma_x\sigma_y) = -2.56/(2.14 \cdot 2.32) = -0.52$ である.

(3) 対称性から,明らかに $x = \frac{\sigma_{x,y}}{\sigma_y^2}(y-\overline{y}) + \overline{x} = r\frac{\sigma_x}{\sigma_y}(y-\overline{y}) + \overline{x}$ となる.

(4) $\overline{y} = 2, \overline{x} = 4$ である. 相関係数は $r = 0$ である. y の x に対する回帰直線の式は $y = 2$ であり,x の y に対する回帰直線の式は $x = 4$ である.

付　表

2項分布表

$$_nC_k p^k (1-p)^{n-k}$$

n	k	p=0.05	0.1	0.15	0.2	0.25	0.3	0.35	0.4	0.45	0.5
2	0	0.9025	0.8100	0.7225	0.6400	0.5625	0.4900	0.4225	0.3600	0.3025	0.2500
	1	0.0950	0.1800	0.2550	0.3200	0.3750	0.4200	0.4550	0.4800	0.4950	0.5000
	2	0.0025	0.0100	0.0225	0.0400	0.0625	0.0900	0.1225	0.1600	0.2025	0.2500
3	0	0.8574	0.7290	0.6141	0.5120	0.4219	0.3430	0.2746	0.2160	0.1664	0.1250
	1	0.1354	0.2430	0.3251	0.3840	0.4219	0.4410	0.4436	0.4320	0.4084	0.3750
	2	0.0071	0.0270	0.0574	0.0960	0.1406	0.1890	0.2389	0.2880	0.3341	0.3750
	3	0.0001	0.0010	0.0034	0.0080	0.0156	0.0270	0.0429	0.0640	0.0911	0.1250
4	0	0.8145	0.6561	0.5220	0.4096	0.3164	0.2401	0.1785	0.1296	0.0915	0.0625
	1	0.1715	0.2916	0.3685	0.4096	0.4219	0.4116	0.3845	0.3456	0.2995	0.2500
	2	0.0135	0.0486	0.0975	0.1536	0.2109	0.2646	0.3105	0.3456	0.3675	0.3750
	3	0.0005	0.0036	0.0115	0.0256	0.0469	0.0756	0.1115	0.1536	0.2005	0.2500
	4	0.0000	0.0001	0.0005	0.0016	0.0039	0.0081	0.0150	0.0256	0.0410	0.0625
5	0	0.7738	0.5905	0.4437	0.3277	0.2373	0.1681	0.1160	0.0778	0.0503	0.0312
	1	0.2036	0.3281	0.3915	0.4096	0.3955	0.3602	0.3124	0.2592	0.2059	0.1562
	2	0.0214	0.0729	0.1382	0.2048	0.2637	0.3087	0.3364	0.3456	0.3369	0.3125
	3	0.0011	0.0081	0.0244	0.0512	0.0879	0.1323	0.1811	0.2304	0.2757	0.3125
	4	0.0000	0.0004	0.0022	0.0064	0.0146	0.0284	0.0488	0.0768	0.1128	0.1562
	5	0.0000	0.0000	0.0001	0.0003	0.0010	0.0024	0.0053	0.0102	0.0185	0.0312
6	0	0.7351	0.5314	0.3771	0.2621	0.1780	0.1176	0.0754	0.0467	0.0277	0.0156
	1	0.2321	0.3543	0.3993	0.3932	0.3560	0.3025	0.2437	0.1866	0.1359	0.0938
	2	0.0305	0.0984	0.1762	0.2458	0.2966	0.3241	0.3280	0.3110	0.2780	0.2344
	3	0.0021	0.0146	0.0415	0.0819	0.1318	0.1852	0.2355	0.2765	0.3032	0.3125
	4	0.0001	0.0012	0.0055	0.0154	0.0330	0.0595	0.0951	0.1382	0.1861	0.2344
	5	0.0000	0.0001	0.0004	0.0015	0.0044	0.0102	0.0205	0.0369	0.0609	0.0938
	6	0.0000	0.0000	0.0000	0.0001	0.0002	0.0007	0.0018	0.0041	0.0083	0.0156

n	k	\\ p	0.05	0.1	0.15	0.2	0.25	0.3	0.35	0.4	0.45	0.5
7	0		0.6983	0.4783	0.3206	0.2097	0.1335	0.0824	0.0490	0.0280	0.0152	0.0078
	1		0.2573	0.3720	0.3960	0.3670	0.3115	0.2471	0.1848	0.1306	0.0872	0.0547
	2		0.0406	0.1240	0.2097	0.2753	0.3115	0.3177	0.2985	0.2613	0.2140	0.1641
	3		0.0036	0.0230	0.0617	0.1147	0.1730	0.2269	0.2679	0.2903	0.2918	0.2734
	4		0.0002	0.0026	0.0109	0.0287	0.0577	0.0972	0.1442	0.1935	0.2388	0.2734
	5		0.0000	0.0002	0.0012	0.0043	0.0115	0.0250	0.0466	0.0774	0.1172	0.1641
	6		0.0000	0.0000	0.0001	0.0004	0.0013	0.0036	0.0084	0.0172	0.0320	0.0547
	7		0.0000	0.0000	0.0000	0.0000	0.0001	0.0002	0.0006	0.0016	0.0037	0.0078
8	0		0.6634	0.4305	0.2725	0.1678	0.1001	0.0576	0.0319	0.0168	0.0084	0.0039
	1		0.2793	0.3826	0.3847	0.3355	0.2670	0.1976	0.1373	0.0896	0.0548	0.0312
	2		0.0515	0.1488	0.2376	0.2936	0.3115	0.2965	0.2587	0.2090	0.1569	0.1094
	3		0.0054	0.0331	0.0839	0.1468	0.2076	0.2541	0.2786	0.2787	0.2568	0.2188
	4		0.0004	0.0046	0.0185	0.0459	0.0865	0.1361	0.1875	0.2322	0.2627	0.2734
	5		0.0000	0.0004	0.0026	0.0092	0.0231	0.0467	0.0808	0.1239	0.1719	0.2188
	6		0.0000	0.0000	0.0002	0.0011	0.0038	0.0100	0.0217	0.0413	0.0703	0.1094
	7		0.0000	0.0000	0.0000	0.0001	0.0004	0.0012	0.0033	0.0079	0.0164	0.0312
	8		0.0000	0.0000	0.0000	0.0000	0.0000	0.0001	0.0002	0.0007	0.0017	0.0039
9	0		0.6302	0.3874	0.2316	0.1342	0.0751	0.0404	0.0207	0.0101	0.0046	0.0020
	1		0.2985	0.3874	0.3679	0.3020	0.2253	0.1556	0.1004	0.0605	0.0339	0.0176
	2		0.0629	0.1722	0.2597	0.3020	0.3003	0.2668	0.2162	0.1612	0.1110	0.0703
	3		0.0077	0.0446	0.1069	0.1762	0.2336	0.2668	0.2716	0.2508	0.2119	0.1641
	4		0.0006	0.0074	0.0283	0.0661	0.1168	0.1715	0.2194	0.2508	0.2600	0.2461
	5		0.0000	0.0008	0.0050	0.0165	0.0389	0.0735	0.1181	0.1672	0.2128	0.2461
	6		0.0000	0.0001	0.0006	0.0028	0.0087	0.0210	0.0424	0.0743	0.1160	0.1641
	7		0.0000	0.0000	0.0000	0.0003	0.0012	0.0039	0.0098	0.0212	0.0407	0.0703
	8		0.0000	0.0000	0.0000	0.0000	0.0001	0.0004	0.0013	0.0035	0.0083	0.0176
	9		0.0000	0.0000	0.0000	0.0000	0.0000	0.0000	0.0001	0.0003	0.0008	0.0020
10	0		0.5987	0.3487	0.1969	0.1074	0.0563	0.0282	0.0135	0.0060	0.0025	0.0010
	1		0.3151	0.3874	0.3474	0.2684	0.1877	0.1211	0.0725	0.0403	0.0207	0.0098
	2		0.0746	0.1937	0.2759	0.3020	0.2816	0.2335	0.1757	0.1209	0.0763	0.0439
	3		0.0105	0.0574	0.1298	0.2013	0.2503	0.2668	0.2522	0.2150	0.1665	0.1172
	4		0.0010	0.0112	0.0401	0.0881	0.1460	0.2001	0.2377	0.2508	0.2384	0.2051
	5		0.0001	0.0015	0.0085	0.0264	0.0584	0.1029	0.1536	0.2007	0.2340	0.2461
	6		0.0000	0.0001	0.0012	0.0055	0.0162	0.0368	0.0689	0.1115	0.1596	0.2051
	7		0.0000	0.0000	0.0001	0.0008	0.0031	0.0090	0.0212	0.0425	0.0746	0.1172
	8		0.0000	0.0000	0.0000	0.0001	0.0004	0.0014	0.0043	0.0106	0.0229	0.0439
	9		0.0000	0.0000	0.0000	0.0000	0.0000	0.0001	0.0005	0.0016	0.0042	0.0098
	10		0.0000	0.0000	0.0000	0.0000	0.0000	0.0000	0.0000	0.0001	0.0003	0.0010

標準正規分布表

$$\frac{1}{\sqrt{2\pi}} \int_0^z e^{-\frac{x^2}{2}} dx$$

	0.00	0.01	0.02	0.03	0.04	0.05	0.06	0.07	0.08	0.09
0.0	0.0000	0.0040	0.0080	0.0120	0.0160	0.0199	0.0239	0.0279	0.0319	0.0359
0.1	0.0398	0.0438	0.0478	0.0517	0.0557	0.0596	0.0636	0.0675	0.0714	0.0753
0.2	0.0793	0.0832	0.0871	0.0910	0.0948	0.0987	0.1026	0.1064	0.1103	0.1141
0.3	0.1179	0.1217	0.1255	0.1293	0.1331	0.1368	0.1406	0.1443	0.1480	0.1517
0.4	0.1554	0.1591	0.1628	0.1664	0.1700	0.1736	0.1772	0.1808	0.1844	0.1879
0.5	0.1915	0.1950	0.1985	0.2019	0.2054	0.2088	0.2123	0.2157	0.2190	0.2224
0.6	0.2257	0.2291	0.2324	0.2357	0.2389	0.2422	0.2454	0.2486	0.2517	0.2549
0.7	0.2580	0.2611	0.2642	0.2673	0.2703	0.2734	0.2764	0.2794	0.2823	0.2852
0.8	0.2881	0.2910	0.2939	0.2967	0.2995	0.3023	0.3051	0.3078	0.3106	0.3133
0.9	0.3159	0.3186	0.3212	0.3238	0.3264	0.3289	0.3315	0.3340	0.3365	0.3389
1.0	0.3413	0.3438	0.3461	0.3485	0.3508	0.3531	0.3554	0.3577	0.3599	0.3621
1.1	0.3643	0.3665	0.3686	0.3708	0.3729	0.3749	0.3770	0.3790	0.3810	0.3830
1.2	0.3849	0.3869	0.3888	0.3907	0.3925	0.3944	0.3962	0.3980	0.3997	0.4015
1.3	0.4032	0.4049	0.4066	0.4082	0.4099	0.4115	0.4131	0.4147	0.4162	0.4177
1.4	0.4192	0.4207	0.4222	0.4236	0.4251	0.4265	0.4279	0.4292	0.4306	0.4319
1.5	0.4332	0.4345	0.4358	0.4370	0.4382	0.4394	0.4406	0.4418	0.4429	0.4441
1.6	0.4452	0.4463	0.4474	0.4484	0.4495	0.4505	0.4515	0.4525	0.4535	0.4545
1.7	0.4554	0.4564	0.4573	0.4582	0.4591	0.4599	0.4608	0.4616	0.4625	0.4633
1.8	0.4641	0.4649	0.4656	0.4664	0.4671	0.4678	0.4686	0.4693	0.4699	0.4706
1.9	0.4713	0.4719	0.4726	0.4732	0.4738	0.4744	0.4750	0.4756	0.4761	0.4767
2.0	0.4772	0.4778	0.4783	0.4788	0.4793	0.4798	0.4803	0.4808	0.4812	0.4817
2.1	0.4821	0.4826	0.4830	0.4834	0.4838	0.4842	0.4846	0.4850	0.4854	0.4857
2.2	0.4861	0.4864	0.4868	0.4871	0.4875	0.4878	0.4881	0.4884	0.4887	0.4890
2.3	0.4893	0.4896	0.4898	0.4901	0.4904	0.4906	0.4909	0.4911	0.4913	0.4916
2.4	0.4918	0.4920	0.4922	0.4925	0.4927	0.4929	0.4931	0.4932	0.4934	0.4936
2.5	0.4938	0.4940	0.4941	0.4943	0.4945	0.4946	0.4948	0.4949	0.4951	0.4952
2.6	0.4953	0.4955	0.4956	0.4957	0.4959	0.4960	0.4961	0.4962	0.4963	0.4964
2.7	0.4965	0.4966	0.4967	0.4968	0.4969	0.4970	0.4971	0.4972	0.4973	0.4974
2.8	0.4974	0.4975	0.4976	0.4977	0.4977	0.4978	0.4979	0.4979	0.4980	0.4981
2.9	0.4981	0.4982	0.4982	0.4983	0.4984	0.4984	0.4985	0.4985	0.4986	0.4986
3.0	0.4986	0.4987	0.4987	0.4988	0.4988	0.4989	0.4989	0.4989	0.4990	0.4990
3.1	0.4990	0.4991	0.4991	0.4991	0.4992	0.4992	0.4992	0.4992	0.4993	0.4993
3.2	0.4993	0.4993	0.4994	0.4994	0.4994	0.4994	0.4994	0.4995	0.4995	0.4995
3.3	0.4995	0.4995	0.4995	0.4996	0.4996	0.4996	0.4996	0.4996	0.4996	0.4997
3.4	0.4997	0.4997	0.4997	0.4997	0.4997	0.4997	0.4997	0.4997	0.4997	0.4998

索引

一様分布, 19, 103
　　離散型の確率変数の一様分布, 38

上側検定, 150

エントロピー, 87
分布のエントロピー, 89

回帰直線, 159
回帰直線の式, 158, 159
カイ 2 乗分布, 123
カイ 2 乗分布の再生性, 129
確率空間, 16
確率変数, 37
　　離散型の確率変数, 37
仮説検定, 149
片側検定, 150

幾何分布, 73
棄却域, 150
棄却する, 150
期待値（平均）, 104
帰無仮説, 150
共分散, 55, 57
共分散の不等式, 59

区間推定, 148

結合エントロピー, 89
結合分布, 109
　　離散型確率変数の結合分布, 44

最小 2 乗法, 155

試行, 11
事後確率, 31
事象, 11
　　空事象, 11
　　根元事象, 11
　　差事象, 12
　　積事象, 12
　　余事象, 12
　　和事象, 12
指数分布, 123
事前確率, 31
下側検定, 150
周辺分布
　　離散型確率変数の周辺分布, 44
条件付きエントロピー, 91
条件付き確率, 24, 91
条件付き確率の乗法定理, 25
信頼区間, 148
信頼係数, 148
信頼度, 148

正規分布, 114, 116

正規分布とカイ2乗分布, 129
正負の相関, 60
積率母関数, 76, 80, 124
積率母関数の一意性, 125
積率母関数の性質, 76, 77
    連続型の積率母関数の性質, 125

相関, 58
相関係数, 60, 160
相互情報量, 93
相対エントロピー, 93

大数の弱法則, 137
対数和不等式, 92
対立仮説, 150
単純ランダムウォーク, 95

チェビシェフの不等式, 135
中心極限定理, 138
超幾何分布, 76

t-分布, 121

統計量, 144
独立, 22, 28, 108
独立性
    確率変数の独立性, 51, 108

2項分布, 40, 41, 62, 63, 67
2項分布とポアソン分布, 72
2項分布の平均, 64

標準正規分布, 114
標準偏差
    離散型確率変数の標準偏差, 48

標本, 144
標本の大きさ, 144
標本分散, 145
標本平均, 144

負の2項分布, 74
不偏推定量, 145
不偏標本分散, 145
分散, 104
    離散型確率変数の分散, 48
分布, 37
分布関数, 102

平均（期待値）, 42
平均（期待値）の性質, 43
ベイズの定理, 30
ベルヌーイ分布, 61

ポアソン分布, 70
ポアソン分布の平均, 71
母集団, 143
母数, 143
母分散, 143
母平均, 143

密度関数, 101
密度関数の条件, 102

無作為抽出, 143

有意水準, 150

ランダムウォーク, 97

両側検定, 150

〈著者紹介〉

栗山 憲（くりやま けん）

1976 年	九州大学大学院理学研究科数学専攻博士課程単位取得退学
現　在	山口大学名誉教授
	理学博士（九州大学）
専　攻	関数解析（量子情報理論，作用素論，作用素代数論），岩盤力学の数値解析
著　書	『理工学のための応用数学 I, II』（共著，朝倉書店，1984）
	『演習　岩盤開発設計』（共著，アイピーシー，1996）
	『論理・集合と位相空間入門』（共立出版，2012）

確率とその応用
Probability and its Applications

2013 年 4 月 10 日　初版 1 刷発行
2017 年 9 月 10 日　初版 2 刷発行

著　者　栗山　憲　ⓒ2013

発行者　南條　光章

発行所　**共立出版株式会社**
東京都文京区小日向 4 丁目 6 番 19 号
電話 (03) 3947-2511（代表）
郵便番号 112-0006
振替口座 00110-2-57035 番
URL http://www.kyoritsu-pub.co.jp/

印　刷　加藤文明社

製　本　協栄製本

一般社団法人
自然科学書協会
会員

検印廃止
NDC 417.1
ISBN 978-4-320-11038-0
Printed in Japan

JCOPY ＜出版者著作権管理機構委託出版物＞

本書の無断複製は著作権法上での例外を除き禁じられています．複製される場合は，そのつど事前に，出版者著作権管理機構（TEL：03-3513-6969，FAX：03-3513-6979，e-mail：info@jcopy.or.jp）の許諾を得てください．

◆ **色彩効果の図解と本文の簡潔な解説により数学の諸概念を一目瞭然化！**

ドイツ Deutscher Taschenbuch Verlag 社の『dtv-Atlas事典シリーズ』は，見開き2ページで1つのテーマが完結するように構成されている．右ページに本文の簡潔で分り易い解説を記載し，かつ左ページにそのテーマの中心的な話題を図像化して表現し，本文と図解の相乗効果で理解をより深められるように工夫されている．これは，他の類書には見られない『dtv-Atlas事典シリーズ』に共通する最大の特徴と言える．本書は，このシリーズの『dtv-Atlas Mathematik』と『dtv-Atlas Schulmathematik』の日本語翻訳版．

カラー図解 数学事典

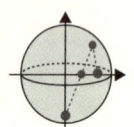

Fritz Reinhardt・Heinrich Soeder [著]
Gerd Falk [図作]
浪川幸彦・成木勇夫・長岡昇勇・林 芳樹 [訳]

数学の最も重要な分野の諸概念を網羅的に収録し，その概観を分り易く提供．数学を理解するためには，繰り返し熟考し，計算し，図を書く必要があるが，本書のカラー図解ページはその助けとなる．

【主要目次】まえがき／記号の索引／序章／数理論理学／集合論／関係と構造／数系の構成／代数学／数論／幾何学／解析幾何学／位相空間論／代数的位相幾何学／グラフ理論／実解析学の基礎／微分法／積分法／関数解析学／微分方程式論／微分幾何学／複素関数論／組合せ論／確率論と統計学／線形計画法／参考文献／索引／著者紹介／訳者あとがき／訳者紹介

■菊判・ソフト上製本・508頁・定価(本体5,500円＋税)■

カラー図解 学校数学事典

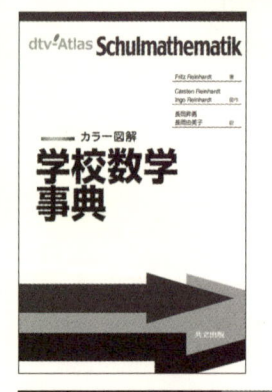

Fritz Reinhardt [著]
Carsten Reinhardt・Ingo Reinhardt [図作]
長岡昇勇・長岡由美子 [訳]

『カラー図解 数学事典』の姉妹編として，日本の中学・高校・大学初年級に相当するドイツ・ギムナジウム第5学年から13学年で学ぶ学校数学の基礎概念を1冊に編纂．定義は青で印刷し，定理や重要な結果は緑色で網掛けし，幾何学では彩色がより効果を上げている．

【主要目次】まえがき／記号一覧／図表頁凡例／短縮形一覧／学校数学の単元分野／集合論の表現／数集合／方程式と不等式／対応と関数／極限値概念／微分計算と積分計算／平面幾何学／空間幾何学／解析幾何学とベクトル計算／推測統計学／論理学／公式集／参考文献／索引／著者紹介／訳者あとがき／訳者紹介

■菊判・ソフト上製本・296頁・定価(本体4,000円＋税)■

http://www.kyoritsu-pub.co.jp/　共立出版　(価格は変更される場合がございます)